咨询室里的人

——心理咨询与治疗的人际取向

孙启武◎著

吉林大学出版社
长春

图书在版编目（CIP）数据

咨询室里的人：心理咨询与治疗的人际取向 / 孙启武著. -- 长春：吉林大学出版社，2021.5

ISBN 978-7-5692-8294-8

Ⅰ. ①咨… Ⅱ. ①孙… Ⅲ. ①心理咨询 Ⅳ. ①B849.1

中国版本图书馆 CIP 数据核字（2021）第 094448 号

书　　名：咨询室里的人——心理咨询与治疗的人际取向
ZIXUNSHI LI DE REN——XINLI ZIXUN YU ZHILIAO DE RENJI QUXIANG
作　　者：孙启武 著
策划编辑：卢婵
责任编辑：卢婵
责任校对：单海霞
装帧设计：黄灿
出版发行：吉林大学出版社
社　　址：长春市人民大街 4059 号
邮政编码：130021
发行电话：0431-89580028/29/21
网　　址：http://www.jlup.com.cn
电子邮箱：jdcbs@jlu.edu.cn
印　　刷：广东虎彩云印刷有限公司
开　　本：787mm × 1092mm　1/16
印　　张：15
字　　数：200 千字
版　　次：2021 年 5 月　第 1 版
印　　次：2021 年 5 月　第 1 次
书　　号：ISBN 978-7-5692-8294-8
定　　价：122.00 元

前　言

人与人在咨询室内的相遇可以有效促进人的成长。这种变化得以发生的基础是人际互动。这种人际互动究竟如何促成了人的改变与成长一直是作者在临床心理工作中思索的主要问题。本书是作者博士论文《核心人际图式复杂性及作用研究》（2011）的修改版，试图对这个问题做初步总结和整合性质的探索。这次修改，将书名改为《咨询室里的人——心理咨询与治疗的人际取向》。除此之外，还对原论文内容做了大幅度的增删、修改和重写。其中，前三章对人际取向的心理咨询和治疗理论的主要概念、理论脉络和研究证据做了详细的介绍。临床与咨询应用领域的概念与心理学科基础领域的概念既有不同，又相互影响。凡涉及情绪、人格以及心理表征等研究主题，临床研究者与基础研究者往往使用了不同语言在描述同一件事。心理咨询与治疗的人际取向从不同领域概括了临床与咨询改变过程（机制）的最新进展。第四章在中国人群中初步检验了人际“认知－情感”单元与咨询效果的关系。第五章从共同要素的角度介绍了研究者如何看待心理咨询与治疗的改变过程。第六章是作者的一个尝试，试图提供一个具有文化含义的框架，以涵盖心理咨询与治疗改变的两个基本过程。

本书的目标读者主要是临床与咨询领域的专业工作者，尤其是受到较多实务训练，依附于某一个治疗流派的专业工作者，为他们整合不同的治疗取向，形成个体的咨询与治疗风格提供参考。作者也希望非专业工作者能认真阅读书中内容，尤其是那些希望通过阅读了解自我、提升自我甚至自我帮助的社会人士。在作者看来，对需要药物治疗的身体疾病而言，病人或许并不需要了解药物的作用机理，但对心理疾患而言，了解心理咨询与治疗的改变原理，对正经历心理疾患的求助者建立希望、提升求助动机、增进自我觉察都至关重要。虽然本书更多呈现了知识性内容，但在人际互动中都很容易体验和观察这些知识所描述的现象。对专业工作者而言，能用通俗易懂的语言向求助者解释说明咨询的目标、方法和原理，是有效能地邀请求助者加入治疗性改变过程的起手式。

中国的心理咨询与治疗行业蓬勃发展，社会需求量日益增加。作为一个有很高“门槛”的助人专业，却未能跟得上时代新的需求。这里有许多原因。一方面，临床与咨询心理学专业究竟对合格的专业人员有怎么样的标准，应该如何看待临床与咨询心理学专业在整个助人专业工作体系中的作用，如何看待与其他相关专业（例如，精神医学和社会工作）的相互关系；对专业人员究竟用什么样的社会管理机制（如学历教育、继续教育、质量管理等）才能更大发挥助人专业在整个社会良性发展上的作用，仍然值得探索[①]。另一方面，从学科自身而言，对治疗性改变过程仍然缺乏足够的认识，临床专业工作者的培养方式仍然局限于大大小小的“治疗流派”，心理咨询的科学性仍然不足。在此情形下，学习者往往会对某一类型“治

① 恰逢 2021 年 3 月 15 日国家卫生健康委员会设立国家心理健康和精神卫生防治中心：http://www.nhc.gov.cn/renshi/s7759/202103/75daf492d8c94d0f8e51f648e7f98975.shtml.

疗流派”的老师建立特殊的情感纽带，并以此情感纽带传播“治疗流派”的知识。虽然“治疗流派”的主要贡献者和继承者也会吸纳其他“治疗流派”的知识，但对大多数从业者而言，似乎对“治疗流派”知识的信奉成为了知识传播的动力。再者，具有合格专业能力的专业人员基数太少，无法形成行业规范、行业标准和行业力量，因此也就缺乏足够的动力去探索治疗性改变过程。

更重要的一个问题是，心理治疗流派的理论和实务往往包含着对人的看法，而对人的看法又深深根植于社会、历史和文化的脉络情境中。心理治疗的实践在默默地传递着这些对人的基本看法。心理治疗流派的理论和实务并不是生发于我国社会、历史和文化的脉络情境的产物。从文化比较的意义上讲，用它来反思中国的养育实践、家庭关系、学校教育以及人与人的关系形态对心理病理性发展和治疗性改变过程的影响，无疑具有极大的价值；但以完全信奉的态度，或者说从整体上而言，我国临床实务工作者尚未形成反思、批评吸收的能力，而又以有别于我国社会、历史和文化的脉络情境而生发的治疗理论与实务来“介入”我国的求助者，则势必会带来某种未知的伤害或风险。因此，有必要积累更多实践有效的证据。作者希望能通过本书让读者建立一个初步的观念，以了解临床与咨询心理学作为一门专业，是如何艰难地寻找并积累“实践有效”证据的。

本次修订，从起心动念到付梓杀青，也算是完成了不断反思的自觉过程。我的研究生凌如心、过颢璟两位同学协助我做了部分文献整理工作。作为一名长期从事心理咨询实务、教学和研究的专业人员，我深深体会到，以人为对象的工作，始终充满着未知和不确定性；有效的助人工作既需要足够的耐心和充分的接纳，也需要对这些具有个人化色彩的未知和不确定性充满敬畏。当“我”的部分有所抬头，就容易遮蔽这些未知和不确定性当中所蕴含的光彩和可带来成长的巨大力量。这些是治疗理论不会告诉你，而求助者会告诉你的东西。

孙启武

2021 年 3 月 18 日

目　录

第 1 章　人际互动与表征理论

咨询师在咨询室中看见人，意味着咨询师需要对这个人有整体的、直观的、迅速和简易的把握。不能只看见症状，也不能只看见这个人在咨询室中呈现的样子。要把握这个人，意味着对这个人的“人格”有所了解。前来求助的来访者，无论他或她初访的目标如何，症状如何，都需将这些目标和症状置于来访者“人格”的整体中，才能获得大体准确的把握和理解。这是我在临床实务中的一个基本观点。重视人格因素在心理疾患的发生、发展、诊断、治疗中的作用是当今乃至今后若干年的一个大趋势，这一点首先体现在“诊断系统”的变化上。在常见以“症状现象学”为基础的“诊断系统”之外，已经出现了以人格作为“诊断系统”基本维度的诊断系统，例如《精神动力诊断手册》（PDM Task Force，2006）和《操作化精神动力诊断Ⅱ》（OPD Task Force，2008）等。在重视人格因素对心理疾患的发生、发展、诊断、治疗中的作用这一大背景下，人格的人际理论、客体关系理论，依恋理论这三个相互联系又有各自特点的理论是理解来访者简明有效的工具。本章先介绍人际互动与表征理论，下一章介绍依恋理论。

1.1 人格的人际理论

1.1.1 基本概念

人格的人际理论最早来自 Harry Stack Sullivan[①]（1892–1949）精神病学的人际理论（1953）。此后，每 10 年人格的人际理论取向的学者都有重要的文章发表（表 1–1）[②] 在治疗理论和治疗方法方面，新近的发展包括人际治疗（interpersonal therapy，IPT，Klerman & Weissman，1993）和人际重构治疗（interpersonal reconstructive therapy，IRT，Benjiamin，2002，2003，2004）等。

表 1–1 人格的人际关系理论重要著作年表

1950s	1960s	1970s	1980s	1990s	2000s
Sullivan（1953）	Schaefer（1961）	Benjamin（1974）	Wiggins（1980）	Benjamin（1996）	Benjamin（2003）
	Sullivan（1962）	McLemore & Benjamin（1979）	Anchin & Kiesler（1982）	Wiggins & Trapnell（1996）	Acton& Revelle（2004） Horowitz，2005
Sullivan（1954）	Lorr& McNair（1963）	Wiggins（1979）	Wiggins（1982）	Kiesler（1996） Birtchnell（1996）	Pincus & Cain（2008） Horowitz & Strack（2010）
Sullivan（1956）	Sullivan（1964）		Kiesler（1983）	Wiggins & Trobst（1999）	
Leary（1957）	Lorr& McNair（1965）		Benjamin（1984）		
Schaefer（1959）	Carson（1969）		Horowitz & Vitkus（1986）		

注：改编自 Picus & Ansell（2003）。

① 美国新弗洛伊德式的精神病学家和分析家。他认为人格不能从人所生活的复杂人际关系中独立出来。他提出的人际场合概念具有重要价值。“人际场合”指与不同焦虑水平或安全感紧密联系在一起的，自我和他人联结的体验模式。

② Sullivan 于 1949 年离世，他离世后发表的文献由他的学生及对他的研究者整理发表。

《精神病学的人际理论》（Sullivan，1953：8）详细介绍了 Sullivan 的理论。其中，重要的概念有“焦虑”“经验分化”“相互作用区”和“人际场”。Sullivan 认为，在人类个体早期，虽然没有熟练掌握语言，但天生都有能力处理各种不愉快的经验，每种文化都有处理各种不愉快经验的办法，使“人这个动物变为人类”。不愉快的经验叫作“焦虑”。

焦虑作为发展的基本动力，通过“相互作用区”，导致“经验分化”。相互作用区是一个功能性的概念，泛指人类婴幼儿机体与环境相互作用的部分或者功能，这里的环境主要指早期的养育环境。婴幼儿通过与养育者间的大量互动，导致经验分化。经验分化又可划分为三个不同的阶段，分别是“未分化的经验”“不完善的经验”和“综合的经验”。经验分化最初来自婴幼儿与养育者间的大量互动，因此，导致经验分化的人际互动场合会逐步内化为一种心理结构，这个人际互动场合的内部表征即“人际场”（interpersonal situation）。Sullivan 认为，人际场指与不同焦虑水平或安全感紧密联系在一起的，自我和他人联结的体验模式。此体验模式通过影响个体的学习经验对自我概念和社会行为的发展产生作用。

按照 Sullivan 以及后来学者（Carson，1969；Kiesler，1983；Wiggins，1982）的理论概括，不同的人际场带来三种不同的人际行为模式：第一种是互补模式，互补模式的结果是个体感到满足、安全；第二种是朝向互补模式，朝向互补模式说明人际场的结果还未达到互补水平，人际场中的焦虑感和不安全感有可能促使互补模式的发展；第三种是挫折模式，人际需要和人际行为都不是互补的，也看不到朝向互补模式发展的可能，从而导致焦虑和不安的增长。例如，正在进行的人际互动中，如果一方表现出友好，另外一方相应地也表现友好，则此模式为互补模式。如果一方表现出友好行为，而另外一方却表现出敌意行为，那么，起主要作用的则是过去已经形成的“自我和他人联结的体验模式”对当下的影响。

Birtchnell（1996）从人际联结（interpersonal relating）角度进一步拓展了人格的人际理论。人际联结指个体与他人建立、维持关系的方式。与人建立联结是个体毕生都在进行的活动。他以人际圆盘为分析的基本框架，认为从人际联结的角度来看，人际圆盘的横轴“友好－敌对”表示个体与他人亲近和与他人保持距离、自我独立的需要，而纵轴“支配－顺从”表示个体通过支配的方式以及顺从的方式与他人保持联结的需要。由于Birtchnell把人际联结的方式看作一种特质，因此，四种基本的联结方式——亲近感、距离感、支配感和顺从感并无好坏之分。在横轴和纵轴之间可做进一步的区分，从而有八种人际联结方式，例如友好的人际联结方式是友好地投入，支配的人际联结方式是领导、指导和建议，二者之间的人际联结方式是保护和帮助。适应良好的个体同时发展这八种与人际联结的方式并具体体现在人际互动行为中。如果某一种或某几种人际联结方式未能充分发展，则叫人际联结缺陷。Birtchnell（1996）认为心理疾病的来源是人际联结缺陷，因此，心理治疗需教会并让当事人发展成熟的人际联结方式，心理治疗只不过是在教会当事人如何与人交往，从而获得心理需求（人际需求）的满足感而非挫折感。

Birtchnell的理论是人格的人际理论和依恋理论结合的产物。Birtchnell（1996）说，该理论形成时期，他与John Bowlby保持着密切的联系，可见，人际联结理论受到Bowlby的深刻影响。人格的人际理论主流仅横轴友好－敌对具有明确的情感成分，而Birtchnell（1996）将人际互动行为的基本动力明确定义为人际联结，即人际互动行为对象具体指向为某个人，是建立、维持人际联结的基本方式，支配和顺从的人际互动方式也是与人联结的方式。因此，他的理论明确标明了人际互动行为的“情感联结”成分，这是人格的人际理论中较为新颖的观点。

1.1.2 测量与评估

人格的人际理论认为人格特质可以从人际互动行为描述，而人际互动行为可以用“人际圆盘”[①]表示。最初的人际圆盘的水平轴是“友好－敌对”，而垂直轴是“支配－顺从”（Freedman & Leary，1951；Leary，1957）。人际互动行为的特点是一种人格特质，例如“支配”是一种稳定的行为倾向性，可以体现人与人的差异。人际互动行为有“基线”，例如人们倾向于表现出“友好”行为。人格的人际理论认为“互补”（complementarity）是良好人际互动的主要特点（Carson，1969）。人际互动中的互补性受到“人格特质”和“基线”的影响。与重要的人际互动若未出现“互补”的特点，则容易产生人际问题。

人际圆盘（图 1–1）包括三类有价值的参数，分别是“互补性”“圆盘轮廓”和“圆盘结构”。以人际问题量表（inventory of interpersonal problems，IIP）为例，“圆盘结构”指 IIP 测量的八个维度基本符合“圆盘结构”的理论构想，该构想可以通过统计的方法加以验证，如多维尺度法（multiple dimension scaling，MDS）等（Acton & Revelle，2004）。“圆盘轮廓”可描述“人际间的僵化”。人际圆盘（图 1–1）的每一个维度自原点向外都有一个长度，长度的大小是心理病理的一个指标，它表示“人际间的僵化”的程度（Wiggins，Phillips，& Trapnell，1989）。一般而言，僵化、不灵活的人格特点更容易导致心理疾患，即使在“友好的”维度上不灵活也容易导致心理疾患；相反，相比较友好而言，即使某些人的“敌

① 美国心理学家 Timothy Francis Leary（1920–1996），提出可以用“人际圆盘”评估人际人格特质、行为和动机。

意性”更高，但灵活的人格特点使他们容易适应环境。

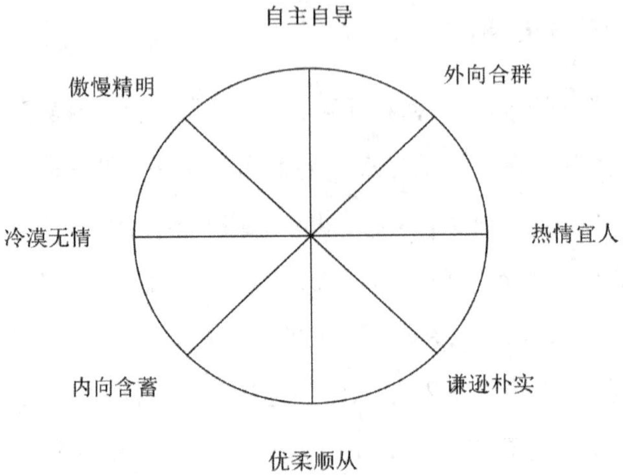

图 1–1　人际圆盘示意图

1.1.3　人际理论与心理病理学

如前所述，互补是良好人际互动的特点。人际互动互补的特点在于这种类型的人际互动能同时满足互动双方的人际目标，而不良的人际互动特点如朝向互补的模式以及挫折模式（Carson，1969；Kiesler，1983；Wiggins，1982）无法同时满足互动双方的人际目标（动机）。按照人际理论模型，人际目标可分为两个基本维度，分别是人际联结（communion）和自我身份(agency)，其病理性的表现分别为“过度依赖”和“自我批评”，这种观点与 Blatt（1974，1990）和 Beck（1983）对抑郁症类型的研究结论是一致的。人际理论能否同样说明如 DSM- Ⅳ -TR 轴 Ⅰ 的症状诊断标准，也能说明 DSM- Ⅳ -TR 轴 Ⅱ 的人格障碍的诊断标准，从而概括为一般化的心理病理学呢，答案是肯定的。

Horowitz（2004）系统总结了心理病理的人际基础。对 DSM- Ⅳ -TR

轴 I 的诊断分类而言，Horowitz 认为“诊断标准不明确”是存在的主要问题（fuzzy problems）。“诊断标准不明确”主要体现在两点上：一是不同类别心理疾患的诊断标准存在重合，二是临床上不同类别心理疾患的诊断存在较高的“共病”现象，或者难以按照 DSM- Ⅳ的诊断标准诊断，这些病人大概占临床病人总数的 30% ~ 50%（Howard et al.，1996；Messer，2001）。从人际理论的角度，Horwitzh 通过“模板”（template）和人际目标（动机）等概念为“诊断标准不明确”做出了清晰的理论说明。

根据 DSM- Ⅳ -TR，症状指病理学条件下的主观体验（美国精神病学学会，2000：828）。症状包括主观上体验到的不愉快以及个人功能的缺损，通常同时产生多种心理状态。Horowitz（2004：150–151）提出“模板”的概念以解释这种现象。模板指由个人经验所形成的独特心理结构。症状是模板的反应模式，包括特定的情感、躯体反应、思维和期望。例如，对某一悲伤事件而言，甲可能感到耻辱，而乙可能会感到愤怒，许多悲伤事件中，还有其他共同发生的情感、躯体反应、思维和期望。由于甲、乙二人个人历史的独特性，贮存于模板中的心理结构对同一悲伤事件包括了许多不同的反应。病人的强烈反应（即症状）是模板被激活的状态。病理性模板的形成往往与个人历史中人际互动的经验有关，例如被过度保护的儿童可能会形成“广场恐怖症”，被过度批评的儿童可能会形成“自我批评型”抑郁症，早期重要人际关系的丧失可能会引起“情感依附型”抑郁症，而对人际关系丧失威胁的过度觉察则会引起“焦虑症”。

对人格障碍而言，Horowitz（2004：253–255）认为可以从以下四个方面分析：首先是人格障碍患者的人际目标易感性，其次是满足人际目标的策略，再次是人际目标受挫后的反应，最后是处理消极情绪的策略。同样，人际目标包括两个基本维度，分别是人际联结和自我独立。第一个方面从人际目标易感性来分析，例如边缘型人格障碍极度害怕被抛弃（标准 1），表演型人格障碍强烈的不适感来源于没有成为关注的焦点（标准 1），自恋型人格障碍对被羡慕的过度需求（标准 4）等。第二个方面从满足人际目标的策略来分析，例如，表演型人格障碍通常采用身体的吸引力（标准 4）、夸张的情绪（标准 6）来吸引注意力；而自恋型人格障碍通过压榨他人（标准 6）、自我重要感（标准 1），想象无限的成功、权利、智慧或美丽（标准 2）并持自己独一无二、具有特殊权利等信念（标准 3、4）等，这些策略的人际目的在于获得他人的注意及羡慕。第三个方面从人际目标受挫后的反应来分析，例如，依赖型人格障碍患者独处的时候会感到不舒服，焦虑、无助（标准 6），边缘型人格障碍患者情绪状态、身份认同感以及人际关系的剧烈变化（标准 2、3、6、8），自恋型人格障碍患者感到嫉妒（标准 8），偏执型人格障碍患者对恶意的信号感到愤怒（标准 6）等。第四个方面从处理消极情绪的策略来分析，例如，当亲密关系结束时，依赖型人格障碍患者快速寻找另外一个亲密关系（标准 7），边缘型人格障碍患者通过冲动性行为或自杀行为对他人或自己见诸行动（标准 4、5），而自恋型人格障碍患者变得更加傲慢和自大（标准 9），或许会更加自私（标准 6）等。通过以上分析，Horowitz（2004）认为人际动机在心理病理的发生过程中居于核心地位。

如果把不同类型的人格障碍放在人际圆盘中，可以发现反社会型人格障碍、自恋型人格障碍和表演型人格障碍关联度较高，处于人际圆盘“支配”一端，而依赖型人格障碍、回避型人格障碍和分裂样型人格障碍关联度较高，处于人际圆盘“顺从”一端（Picus & Wiggins，1990，引自 Horowitz，2004）。如图 1-2 所示。关联度较高的人格障碍有可能共同发生（Horowitz，2004：262）。特别注意，分裂型人格障碍缺乏明确的人际动机，而边缘型人格障碍状态缺乏稳定性，因此在人际圆盘中无法确定其合适位置。

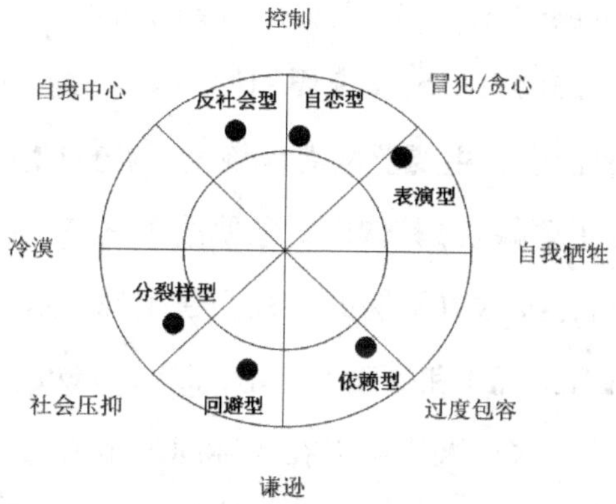

图 1-2　两维度人际空间中人格障碍的位置分布

1.2　社会行为结构分析

Lorna Smith Benjamin①，博士毕业于威斯康星大学，在 Harry Harlow 的指导下协助他完成了著名的“铁丝猴”实验。博士见习期间的指导老师是 Carl Rogers。1971–1986 年在威斯康星大学医学院教书，1988 年起任教于犹他大学，直至 2012 年退休。Benjamin 从 1968 年开始致力于社会行为结构分析（structural analysis of social behavior）。在多年工作后，她于 2002 年出版了《人际重构治疗》（*Interpersonal Reconstructive Therapy*，2003）和《愤怒、焦虑和抑郁的人际重构治疗》（*Interpersonal Reconstructive Therapy for Anger*，*Anxiety and Depression*，2018）。

Benjamin 最初于 1969 年提出社会行为结构分析，其理论基础是

① Lorna Smith Benjamin，美国心理学家，开创了社会行为结构分析并将其应用于传统药物治疗中难治的人格障碍病人。

Sullivan 人格的人际理论、Leary 和 Schaefer 的社会行为模型以及 Bowlby（1977，1988）的依恋理论。Bowlby 认为人类婴儿两种基本活动的动力是依恋寻求（attachment seeking）和探索（exploration）。当孩子的依恋需求得到满足，孩子就能够自由地探索周围的环境，并且可以随时再回到安全基地。孩子要形成依恋，主要照料者应该是可获得的（availability）和友好的（affiliation）；孩子要探索，其依恋对象要给予其自主性。在健康的婴儿中，依恋寻求和探索行为通常以平衡的方式交替出现。这些早期的经验集中在依恋（纠缠，enmeshment）和探索（分化，differentiate）这两个驱动因素上，形成了人格的基础，这种人格可以在人际间被定义为“在互动中与自我和他人的内在表征相关联的心理活动，并在人际行为中表现出来”（Henry，1994；Benjamin，1995）。这与社会行为结构分析模型的两个基本维度（友好维度和相互依赖维度）相一致。

同时，社会行为结构分析还提出了三种基本机制以解释儿童早期经验是如何在现在（当前）的人际互动过程中以及这些人际互动的心理表征中被复制，这叫复制过程（copy processes）。该过程可通过一个二元互动到另一个二元互动之间的关系来识别。例如，评定者是一个孩子时与重要他人（例如，母亲）的互动，与成年时和现在的配偶之间的互动。三种复制过程可以用来解释人格的突出部分。三种复制过程包括：

（1）认同：像他/她一样，通常通过童年期到成年期的相似性来鉴别；

（2）再现：表现得好像他还在这里，还控制着你，通过连续的互补来反映出来；

（3）心理内投（这是人际互动的心理表征）：用被别人对待的方式对待自己。

社会行为结构分析包括关注点不同的三个平面环形。除关注点外，社会行为结构分析与其他人际理论评估模型一样用人际圆盘评估人际间和个人内心的互动：（1）关注点（focus），包括他人（others）、自己（self）、内在投射（introject）；（2）水平轴是情感轴，即友好（affiliation）–敌意（hostility）；（3）垂直轴代表自主性，即分化（differentiation）–纠缠（enmeshment）。

（1）关注点：这一概念可用来描述人际过程的对象。关注点体现在三个不同的钻石型平面上（见图 1–3）。第一面在最上层，称为像父母样的行为（parentlike），也称之为关注点在他人，是父母的典型特征行为，这些行为在本质上是主动的，关注的是其将要对他人、为他人做什么，或者做关于他人的什么，是指向他人的传递人际行为（transitive interpersonal action）。第二层是像孩子样的行为（childlike），也称之为关注点在自己，是孩子的典型特征行为，这些行为是被动的，关注自己将要对自己、为自己做什么，或者做关于自己的什么，是关注自己的非传递的人际行为（intransitive interpersonal action）。第三层代表的是心理内投（introjection），即指向自己的传递行为，反映了当一个人把焦点内投到他自身时发生了什么。关注点在他人或者自己，描述的是人际间的互动，心理内投代表的是个人内在的或者内心的体验，是个体对待自己和看待自己的方式。其来源主要是个人对重要他人对待自己行为的内化。在对关注点的描述中，Benjamin 尝试用图示来更详细清楚地表示，以帮助理解，具体可见图 1–4。

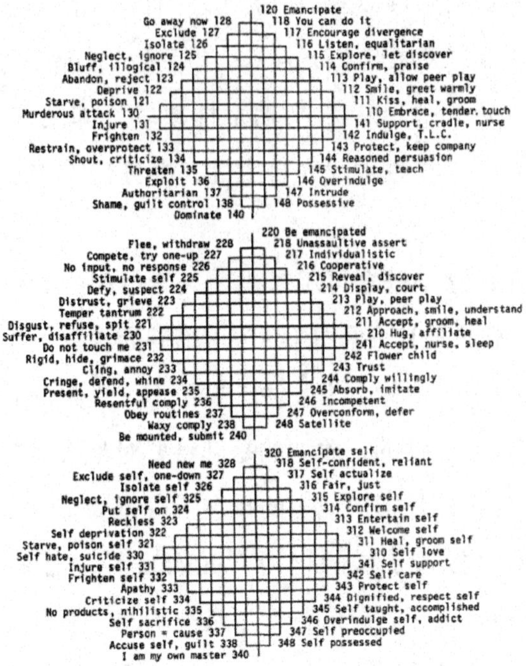

图 1–3　社会行为结构分析全模型

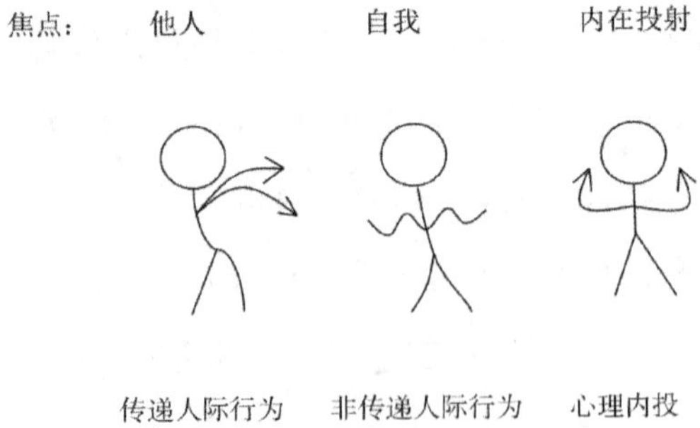

图 1–4　关注点示意图

（2）水平轴代表的是情感维度，总体来说，水平轴从右到左代表了友好（affiliation）– 敌意（hostility），这与 Schaefer 和 Leary 的模型是一致的。为关注点在他人的第一面，水平维度是从主动的爱（active Love）一攻击（attack）；为关注点在自己的第二面，水平维度是从被动的爱（reactive love）– 畏缩（recoil）；为关注点在内在的第三面，水平维度是积极的自爱（active self–love）– 自我攻击（self–attack）。

（3）在垂直轴上，Benjamin 做出了一定的调整，Leary 提出的垂直轴是支配 – 顺从（dominate–submit），Schaefer 提出的垂直轴是控制 – 自主（control–autonomy），社会行为结构分析模型通过将父母样的行为和孩子样的行为分为两个面来解决这二者的不一致。当关注点在他人的第一面，垂直轴为解放（emancipate）– 控制（control）；当关注点在自己的第二面，垂直轴为独立（separate）– 服从（submit）；当关注点在内在的第三面，垂直轴为自我解放（self–emancipate）– 自我控制（self–control）。在这一模型中将顺从（submit）定义为控制（dominate）的互补，将解放（emancipate 或者给予自主 allow autonomy）定义为控制的相反。整个垂直轴被定义为 differentiation（分化）–enmeshment（纠缠）。社会行为结构分析这一模型与 Leary 的 IPC 模型相比，在关注点和垂直维度上借鉴了 Schafer（1961）对像父母样的行为的描述，在增加了像孩子样的行为的这一平面的同时，在垂直维度上也更加不同。同时，社会行为结构分析模型还通过增加心理内投（introjection）的第三面，将 Sullivan 心理内投的概念也整合到模型之中，使之更加具体化（Pincus & Ansell 2003；Benjamin，Rothweiler，& Critchfield，2006）。

按照模型的复杂程度，社会行为结构分析模型被分为全模型、族群模型和象限模型。完整的社会行为结构分析模型把每个象限都分为 1/8，所以完整的社会行为结构分析在每一个面上，都有 9×4=36 个点，即全模型。在全模型中，数字编码反映了表的结构，百位上的数字代表了 3 个不同的面，100 代表关注点在他人的第一面，200 代表关注点在自己的第二面，300 代表关注点在心理内投的第三面。十位上的数字 1、2、3、4 分别代表四个象限，个位数字从 0 ~ 8 代表了将每个象限连续细分为 9 个不同的行为。[①]

然而，使用最方便友好的社会行为结构分析模型版本是简化的社会行为结构分析族群模型。这个简化模型与全模型的区别在于简化模型中，在每个面上，将 36 个点分为了 8 个族群，四个象限（图 1–5）。在简化的社会行为结构分析族群模型中，在最上层加粗的字体代表的是像父母样的行为，关注点在他人。中间下划线的字体代表的是典型的像孩子样的行为（childlike），关注点在自己。下层用斜体显示的字体代表了心理内投（introjection），是指向自己的传递行为。由社会行为结构分析族群代表的人际行为反映了基本维度的混合，每个面上族群的几何关系是相同的。这一简化有更优的心理测量特性，并且更易于编码和解释，因而在研究中多使用这一模型。

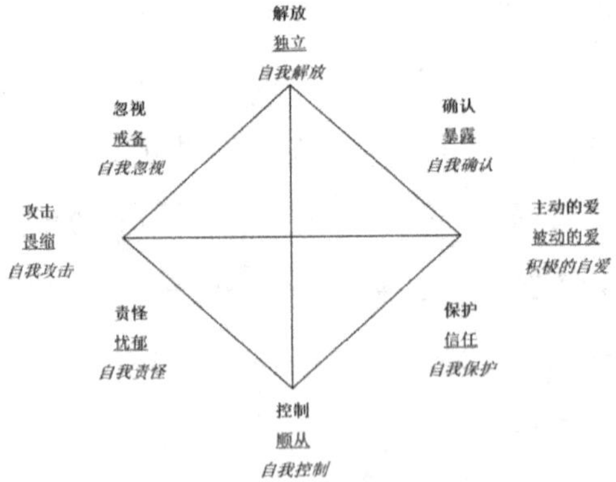

图 1–5　简化的社会行为结构分析族群模型

社会行为结构分析不仅仅是一组类别，更确切地说，它是一个维度模型。这些维度上任何数值的点都可以组合起来，从而能以精细的方式反映

① 在模型的呈现中，数字编码反映了模型的结构。例如，1–2 确认和理解（affirming and understanding），前面的数字 1 代表的是第 1 面（关注点在他人），后面的数字 2 代表的是族群点 2，即关注点在他人的族群点 2。

出人际互动过程几乎无限程度的细微差别和复杂性。Benjamin（1974）对社会行为结构分析这一模型的有效性进行了正式的统计检验，结果显示所提出的结构得到了自相关（autocorrelation）、“人际圆盘”分析（circumplex analysis）、因素分析（factor analysis）和曲面间关联（correlations between surfaces）分析的支持。

1.2.1　社会行为结构分析的预测性原则

Schaefer（1961）在建立了母亲和儿童行为的两个循环模型后，提出两个表面之间的关系可能是阐明母亲行为对儿童行为影响理论的基础。Benjamin（1974，2000，2006）拓展了 Schaefer 的这一提议，通过阐明社会行为结构分析模型面与面之间的(intersurface)关系来定义互惠人际模式，称为社会行为结构分析预测性原则（predictive principles）。这些原则在帮助理解二元互动（例如，治疗师和来访者），在当前与重要他人的关系和之前与重要他人的关系之间建立联系，在人际关系中标记先行的自我概念等都非常有用。社会行为结构分析预测性原则主要包括以下几类。

（1）互补性（complementarity），在友好、相互依赖和关注点这三个维度上，一个人的行为是另一个人行为的互补，是基于社会行为结构分析的第一面（关注点在他人）和第二面（关注点在自己）之间的关系，被定义为在同样的水平轴和垂直轴位置，但是关注点不同（自己或他人），即两个独立平面的相同位置。例如在社会行为结构分析模型中，2–5（服从，submit）是 1–5（控制，control）的互补，当两人的互动类型是互补时，他们之间的关系最为稳定。

（2）相反性（opposition），被定义为在同一个面上，呈 180 度的两个点，例如 1–2（确认理解）与 1–6（责备）是相反的。

（3）对立性（antithesis），指的是相反的互补或者互补的相反，例如

1–2（确认理解）和 2–6（愠怒生气）是对立的，这种类型的互动是最不稳定的，会促使人际关系发生最大变化。

（4）相似性（similarity），指的是通过模仿而表现的像他人的行为，相似具有几种情况：（a）现在的重要他人的行为和之前重要他人的行为是相似的，例如，孩子在父母忽视的氛围下长大，很可能也会这样对待自己的小孩；（b）来访者模仿治疗师积极的适应性的处理行为和自我表露；（c）相似也可以是两个个体（例如咨询师和来访者）在同一时刻，表现出相似的人际立场，这种形式的相似性代表着一种不稳定的关系，因为这两个人都试图在对方身上表现出同质化的影响，从而导致无效的互动，陷入僵局。当在咨询中出现相似的立场时，对临床实践者来说可以提供非常有价值的信息。

（5）心理内投性（introjection），基于社会行为结构分析的第一面（关注点在自己）和第三面（关注点在自己的内在投射）之间的关系，指的是个体以重要他人对待自己的方式去对待自己，即重要他人对待他的方式会深刻影响个体的心理内投（例如，自我概念）。这与 Sullivan 的心理内投（introjection）的理论概念相一致。咨询师对来访者心理内投的理解和把握，可以帮助理解来访者的自我概念，这对临床实践来说是非常有价值的评估 / 诊断信息。①

---

① 可以举一个简单的实例来说明互补、相反和对立性的原则（也可看看用社会行为结构分析如何描述治疗关系的微观过程）：例如，在咨询师和来访者的互动过程中，来访者表达自己觉得没有感受到咨询师的支持和帮助时（例如，来访者：我不知道我为什么要来这里，我觉得一点儿帮助都没有），通常是愠怒和生气（2–6），此时对立的反应是咨询师去确认和理解（1–2）（例如，咨询师：我能看出这一段时间的会谈对你帮助不大，这让你感到很焦急）；而互补的反应是咨询师去责备（1–6）来访者（例如，你不应该丧失信心，中间有两三次你都没有到我这里来，而且我不知道你回去后是否按照我们商量的那样去练习了）；而相反的反应是咨询师去揭露（2–2）自己的感受和想法（例如，你这么说我也觉得不好受，我很努力地想要帮到你）。

在社会行为结构分析的语言和理论中，通过这些过程转化为内部表征的人际体验，如果主要来自族群点 2（确认肯定）、族群点 3（主动的爱）和族群点 4（帮助和保护）时，就会产生正常的人格。族群点 2–3–4 基线（依恋群组，attachment group，AG）被定义为正常状态（normalcy），因为它符合依恋理论所言的基本驱动力和需要。也就是说，由依恋族群所代表的人际行为形成了一种平衡，中等程度的友好纠缠（允许联结）和中等程度的友好分化（允许探索）。虽然人格障碍的个体偶尔会在依恋族群中出现，但更典型的表现是来自“紊乱的依恋群组”（disrupted attachment group，DAG）的行为。紊乱的依恋群组主要是族群点 6（责备）–7（攻击）–8（忽视）。在日常语言中，过度的服从、分化、攻击都是紊乱的依恋风格的标志（Henry，1996；Pincus，Ansell，2003；Benjamin，Rothweiler & Critchfield，2006）。来自依恋群体和紊乱的依恋群体的人际行为的对比，可为区别正常人格和异常人格提供依据。

Henry（1996）指出社会行为结构分析将发展性的经验、呈现的人际问题，通过精神疾病诊断手册的描述转化为了常用的语言，从理论上通过三种复制过程（认同、内化和心理内投）将过去的人际经验和现在的人际过程联系起来了。Benjiamin（1994）通过比较大五人格模型（FFM）、人际人格圆盘（IPC）、社会行为结构分析和临床症状的关系发现，社会行为结构分析能提高临床诊断的可靠性，并且能够建立明确可供检验的研究假设。且整套模式能同时考量特质（trait）、状态（state）与情境（situation）的差异性，是一套具有临床实用性的人格理论。

Benjamin 在社会行为结构分析模型上的早期工作包括应用社会行为结构分析原则制定心理治疗的目标、形成人际关系诊断和研究分化失败（Constantino，2000）。随后，Benjamin（1996）概述了该模型日益多样化的应用。自问世以来，社会行为结构分析已成为一种流行的模型，它提供了一个适用于临床方向的总体范式、方法和理论框架，并允许人们对人格发展、精神病理学和心理治疗改变的基本人际和动态过程进行定义和编码，已被证明对临床医生和研究人员都有用，被广泛应用于各种社会心理事件。越来越多的研究人员利用社会行为结构分析所提供的强有力的“镜头”来描述人际和内心的（intrapsychic）事件，在过去的几十年里，社会行为结构分析逐渐被应用于研究心理治疗过程中的会谈事件（Constantino，2000）。

1.3 客体关系理论

1.3.1 基本概念

要在有限的篇幅中把客体关系理论的概貌讲清楚，是一项有挑战的任务。这是因为：首先，客体关系理论是一组强调“客体及主体与客体关系表征”的精神分析学派的统称，在客体关系理论内部，许多重要问题还存在争议；其次，不同的客体关系理论家提出相关概念时，往往和与他们一起工作的病人有关：如 Winnicott 是儿科医生，他的理论主要来自对儿童的观察，Fairbairn 的理论主要来自对偏执性人格障碍患者的观察，Kernberg[①] 的理论主要来自对边缘型人格障碍患者的观察，而 Kohut 的理论主要来自对自恋型人格障碍患者的观察，这些理论家所独创的理论概念往往难以统合为一个清晰的理论框架；最后，大多数客体关系理论家（包括当代仍然非常活跃的客体关系理论家）继承了精神分析学派现象学观察的特征，他们提出的理论概念虽然对临床现象有一定的解释力，但缺点是客体关系理

① Otto F.Kernberg，精神分析家，提出了边缘型人格组织结构的概念。

论的许多概念由于过分细致从而导致难以理解，也难以形成可“证明”或者“证伪”的研究假设。

但是，客体关系理论家具备一些共同点，本书认为梳理这些共同点就能对客体关系理论有个概括性的了解。

首先，客体关系理论家认为“关系”而非“力比多”是发展的基本动力。在 Freud 那里，客体不过是本能倾注能量的对象。与 Freud 比较，客体关系理论家大都反对 Freud 本能内驱力的动机理论。相反，他们认为人类行为的原动力在于“寻求关系的建立”。“原动力的变化导致了一系列的变化：改变了对客体性质、结构形成、发育的性质和顺序、病理学的性质以及对于病态的治疗反应的理解……”（Clair，2000：257）。

其次，客体关系理论家大都重视个体“客体关系”的发育史。例如 Klein，Fairbairn，Mahler 都用不同的语言描述了个体“客体关系”的发育史。此处以 Mahler 的理论稍加说明。Mahler 的理论中，主要概念有“共生”“分离”和“个体化”。共生是一种比喻性质的用法，指婴儿与母亲无区别地在一起的内心体验；分离指婴儿完成在内心中与母亲的分离感；在分离之后，个体还需完成个体统整感，一种早期存在的意识，即个体化。通过正常的孤独性、正常的共生，分离和个体化，Mahler 将发展分为四个阶段。第一个阶段是“分化和躯体意向”（4 ~ 10 月），这是分离 - 个体化的开始；第二个阶段是“实践”（9 ~ 15 月），婴儿开始冒险并“沉浸在自己的活动之中”，包括开始学会走路；第三阶段是“和解”（15 ~ 24 月），婴儿首先开始体会到挫折，之后在依赖母亲与独立之间“犹豫不决”，最终达成“和解”；最后一个阶段是“情感客体恒定与个体化”（20 ~ 36 月），其特征是内在建立了稳定的、积极的母亲意向。

再次，客体关系理论家重视人格结构，这是由于人格结构在理解人格障碍中占有举足轻重的地位。Klein，Fairbairn，Mahler，Kernberg 和 Kohut 等人在描述客体关系发展序列时，几乎都提及客体关系发展序列的某一阶段若受到扰乱，特别是早期阶段的扰乱，则容易出现人格结构的问题。这里以 Kernberg 的理论为例稍做说明。Kernberg（1976，1980）认为人格是由性情、天生的认知能力，性格和身份认同以及内化的价值系统动态地整合和以后所表现的行为模式。其中，性情是指天生的对环境刺激的情绪反应，特别指情绪高度唤起时的情绪反应。情绪高度唤起时的情绪反应包括积极反应和消极反应两种，这两种反应成为个体基本的动机系统。情绪的积极反应与消极反应总在客体关系中表征。人格的正常发展需要完成积极的客体关系与消极的客体关系的整合。未完成整合的人格结构，则采用了“分裂”的防御机制（图 1-6，阶段二、阶段三）。在客体关系正常发展序列中，通过保持对客体的“爱”和“恨”，“好”和“坏”中的一种，“分裂”可以保护自我（ego）不至于过度焦虑。随着成熟，婴儿逐渐能够同时将同一客体似乎对立的方面整合为一个稳定的意向。边缘型人格障碍患者，已经建立了自我界限，即完成了 Mahler 所说的分离，但自我界限比较脆弱。他们人格结构最突出的特点是同时具备“好的”“坏的”自体表象和“好的”“坏的”客体表象，但始终无法完成“整合”。在 Kernberg 看来，边缘型人格障碍患者显然是“人格结构”的问题。他称这种人格结构为边缘型人格组织结构（broadline personality organization，BPO），这种人格结构是所有人格障碍的共同特征。

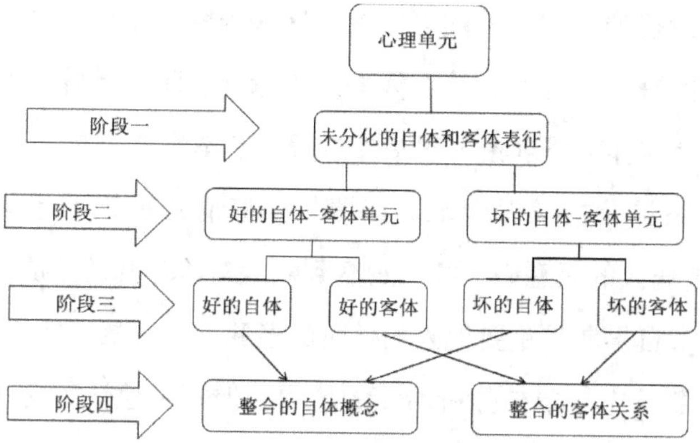

图 1–6　Kernberg 客体关系的发展阶段理论

案例片段 1

“分裂”的状态并非少见。一位来访者因为情感问题来到咨询室。通过会谈，咨询师了解到她因在前男友和现男友之间犹豫不决（包括发生性关系）而来访。通过进一步的会谈，咨询师了解到她会因为某人主动对她好而逐步成为非常好的朋友。但是，当她发现“非常好的朋友”竟然具有一些难以忍受的缺点（例如，不能像她一样骄傲地面对男生等）就与“非常好的朋友”渐行渐远了。咨询师逐步发现在亲密关系里，她通常会小心翼翼地试探，然后一头火热地陷进去，接着一旦发现对方有难以忍受的缺点时，对方那些在她“火热地陷进去”时所认为的优秀品质都似乎立刻消失了。在她看见对方的优秀品质时，对方的那些难以忍受的缺点，她在彼时似乎总是视而不见。

1.3.2　治疗关系

客体关系理论体系对治疗关系的理解是其核心内容，不同客体关系理论家从他们独特的理论概念出发，阐述了治疗关系中所发生的现象。这些现象描述了病人的内心世界，以及在治疗关系中病人内心世界“呈现”的独特时刻，治疗师需如何处理等内容。这些内容的本质是客体关系理论家对治疗过程的理解。因此，从客体关系理论如何理解治疗关系的角度出发即可粗略把握客体关系理论家对治疗过程的基本看法。

在古典精神分析学派看来，移情与反移情几乎是治疗关系的全部。Freud 为探查病人的无意识，往往观察到病人对治疗师的歪曲反应，这种歪曲反应主要来自早期与重要他人相处时的经验。一开始，Freud 认为病人对治疗师的歪曲反应是精神分析治疗的障碍，但随后他认为病人的这些歪曲反应是理解无意识早期经验的工具和途径。Freud 将移情定义为“来自过往被歪曲的感受、想法和行为投注到现在的分析师身上”。Freud 认为对治疗关系中移情的分析解释能帮助病人解决无意识冲突。按照Freud本能驱力论，这些无意识冲突往往与性本能等有关。当病人的移情反应变得强烈并且只集中在治疗师身上，则变成了“移情神经症”（Richardson，2000）。

客体关系理论认为移情是早期客体关系投注到现在的分析师身上，而非早期本能驱力。这样，治疗关系中的移情，居于核心地位的不再是“本能驱力”，而是早期人际经验。在治疗中，病人的移情反应不仅仅是基于早期经验而产生的对治疗师的歪曲反应，还包括对治疗师的客观反应。早期 Freud 式的心理治疗中，治疗师是客观中立的。在客体关系治疗中，治疗师的人格特点也被带入治疗过程。比如，若当事人觉察到治疗师的“冷漠”，按照 Freud 的理解，一定是当事人生活中某个重要的他人具有“冷漠”的特点，这种“冷漠”是对性欲望的“反向形成”；而客体关系理论则认为除 Freud 的理解外，病人的觉察是对治疗师人格特点的客观反映（Richardson，2000）。这样，治疗关系中治疗师不再是反映病人内心世界的一面客观的“镜子”。

Kohut 的自体心理学发表了对移情的不同见解。在 Kohut 那里，移情往往指“自体客体”移情，反映的是儿童早期自体客体与早期客体的联结。这些联结指早期自我发展的需要，如镜像、理想化，与客体融合等（图 1-6，阶段二）。这样，自体客体移情不再是基于过往经验而产生的“歪曲反应”，而是由于过往经验，病人未能满足的、正常发展所需的需要。这些需要在当前治疗关系中被重新激活，并体现在当下的治疗关系中。对自恋人格障碍而言，自体客体移情为病人发展具有共情能力的自体客体提供机遇，而有共情能力的自体客体是维持稳定统合自我的必需条件。因此，在治疗中，治疗目标不是解决移情反应，而是最大限度体会“自体客体移情”，与治疗师和生活中的重要他人共同发展成熟的“自体客体”（Richardson，2000）。也正是在这个意义上，Kohut 将“共情”作为其治疗的核心。

在 Freud 看来，反移情指由于受病人的影响，治疗师早期经验、人格特点等歪曲了当前治疗关系中的经验。虽然 Freud 很快意识到移情不是分析治疗的障碍，而是了解无意识冲突的“康庄大道”，但他从未认为反移情也可以这样。Freud 坚持认为治疗师应克服反移情，而克服反移情的方法是治疗师必须坚持自我分析，接受精神分析和督导。

然而，客体关系理论认为，反移情能帮助治疗师理解病人所呈现材料背后所隐藏的意义，可以作为工具应用于心理治疗当中。客体关系理论中一个核心概念是“投射性认同”。在投射性认同过程中，当事人把自己认同的行为方式、态度，投射给治疗师，治疗师则表现出相应的行为、态度，让当事人再认同自己的行为方式、态度。例如，当事人讨厌自己（或者认为自己很弱小），他会“期望”别人讨厌自己（或给予自己特别的照顾），并“制造”一系列行为方式使别人讨厌自己（或特别照顾自己）；结果是在治疗中治疗师会逐渐感受到对当事人的讨厌（或治疗师会给予当事人特别的照顾）。在“投射性认同”过程中，当事人会在“无意识”的水平上制造出很大的张力，迫使治疗师“认同”这种感受，从而把当事人自己“内部戏剧中扮演的角色”注入治疗师的内心。这时候，对反移情的觉察和讨论会成为理解当事人内心世界的有效工具，“治疗师对自己针对病人的各种情感和态度持续地、精细地考察，有助于增强病人的领悟”（Sandler，Dare，& Holder，1992：94）。

Ogden认为移情–反移情不可区分，分析师和受分析者的个人历史和人格动力特点是理解移情–反移情的基本背景。在此背景下，在分析性情境下，分析师个人的“遐想”（白日梦、走神、身体的感觉、内部心理过程等）会逐步演变为具有分析意义的分析性第三方。以下这个案例说明了咨询师个人等待的间隙中，当事人对意向的零星叙述让咨询师意识到过往的经验是如何阻碍了自己靠近当事人的。

案例片段2

我曾与多位抑郁症患者一起工作过。这些经验让我在面对抑郁症患者的时候具有一定的信心。当M坐在我面前时，低着头、目光无神；对我的问话，M偶尔回答一下，然后就陷入了沉默。M的回答中充满着自我贬低：“我很笨”“我是垃圾”“我一无是处”“老师你是不是很忙，我这样的人不值得你为我浪费时间”……M常有自杀意念如“不如死了算了”，但未有行动。

M的这些表现让我立刻意识到，她是抑郁症。我便按着正常的“处理”程序，主导起谈话过程。首先和M讲的是，从刚才的谈话看，她是抑郁症；接着告诉她，抑郁症是比较好治疗的，具体的方案是“药物治疗＋心理治疗”，心理治疗需要比较长的时间。我心里清楚，这样做的目的是建立希望感，让M对治疗有信心。这可是成功治疗的第一步。

这样的“处理”显得有点公事公办，有点冷漠，有点程序化，而未能看到M作为M的特殊之处，也未能看到M的抑郁症就是M的，不是其他人的。我能感觉到我内心并不特别喜欢 M，20 岁左右的年纪，长相普通，没有什么吸引力，是一个爱学习的、刻板的女学生，放在人群中不会引起人的特别注意。我与抑郁症患者的工作经验又让我显得特别有信心“处理”M。这不是人与人之间心理上的接触。那个时候我的表现就恰似 ATM 取款机，她只需要“取款”，我就会给她处方。

之后的几次会谈，程序化的过程仍然在继续。我和 M 说，抑郁症要么和对自己的看法有关，比如过高要求或者自我贬低；要么和人际关系中丧失有关。我会说可以尝试看看情绪低落、没有动力之时，是否有一些相关联的想法，也可以试着说一个与人打交道的情形，然后就与人打交道的过程所引起的情绪、感受和想法讨论。我对任何一位抑郁症患者都可以这样说，但不是对着 M 在说。

M 能听懂我在说什么，也试图按照我说的去做。会谈过程充满着阻力。通常的情形是沉默。这个沉默没有压力。我会感到和 M 没有联系。以心理治疗的名义，我和她一起坐在那里。很容易让人想到，M 没有力量，你可以忽视她。我会以各种方式提问，M 简单地回答，然后又陷入沉默，好像没有什么可说的。

随后的几次会谈，这程序化的过程仍然在继续。M 没有出现我试图建立的对治疗的信心，反而越发怀疑治疗来。好几次，M 都表示她不想来了，因为一点儿用都没有，她还是那么难受。这种情况让我意识到，M 是“难治”的病人。为此，我还查看了“难治”的病人的治疗手册和处置方法。用比较理智的 CBT（认知行为疗法）对 M 是无效的。让 M 谈论人际情境同样是困难的。M 很难相信自己有价值，很难相信别人会关心她，觉得别人都不可以信任，只有孤身一人才是最佳的。

有时候，我看到阻力时，会等待。这个时候 M 往往会说一些我预料之外的内容。例如，有一次 M 说，她就像站在一块地方，周围都是迷雾，只能看到几米远处。M说迷雾的感觉中还有凄凉和绝望，现在迷雾凝固成硬东西，堵在那里。她自己是飘荡的芦苇，而别人是挺立的大树，竖立在那里（说明：M看到其他人获奖，或者去国外学习的机会，瞬间就感觉受到不小的打击，又无能为力）。类似的情形发生多次后，我开始明白，之前和抑郁症患者工作的成功经验，反而阻碍了我真实地接触M。我之前所有的做法都离M很远，甚至我自己也采取了一种防卫性的姿态，只是自恋式地专注于过往的经验而忽视了M（例如，那个M是“难治”病人的念头），一个坐在我面前，嘴里抱怨治疗无效，说着不想来，却每次准时到来，每次准时离开，内心渴望有所改变的一个人。

1.4　Blatt的发展心理病理学

著者曾于2006年与Blatt[①]通信联系并得到了他的热情回应。从此开始了解并学习Blatt的客体表征和发展理论。Blatt出生于一个犹太家庭，他是家里的老大。1957年，他于芝加哥大学获得人格发展与心理病理学方向博士学位，导师是Morris I.Stein。在临床见习期间，他的指导老师是Carl Rogers。他还受到精神分析师David Rapport的影响。他从1960年开始接受系统的精神分析训练。其间的指导老师是Roy Schafer。Schafer和David Rapport很熟，这使得Blatt对Rapport工作的兴趣更加坚定（即认知过程和人格组织与表征发展和心理病理学的关系）。Blatt于1960年入职耶鲁大学，1963年成为耶鲁大学精神病学系系主任，一直到2011年退休。2008年美国心理学会出版了他的著作《经验的两极：人格发展、心理病理和治疗过程中的人际联结和自我界定》一书，系统总结了Blatt的研究成果。

① Sidney Blatt（1928–2014），耶鲁医学院教授，20世纪70年代所提出两种抑郁症亚型而被人熟知。

客体表征发展理论。客体指人类客体，客体关系则指与他人的关系（Kernberg，1976：58）。这些关系可以是内在或外在的、幻想或真实的，但它们基本上是集中在与他人的互动（Cashdan，1988：3）以及与他人互动的心理表征上。Blatt 等人（1988：2–8）详细描述了客体表征的发展阶段。与皮亚杰式的发展心理学相比较，Blatt 所描述的发展过程更加重视“情感发展和机体状态”。Blatt 等人认为在各种层级的组织模式下，个体心智表征会有不同的情感和动机状态，这些情感和动机状态往往决定了表征发展过程中产生的经验类型。发展过程就是客体表征日益分化、整合和精细化的过程：它们从无组织的、整体的表征，发展为分化的关注部分属性的表征，再发展为高度联结和整合并与现实相应的表征（可参考图 1–7）。

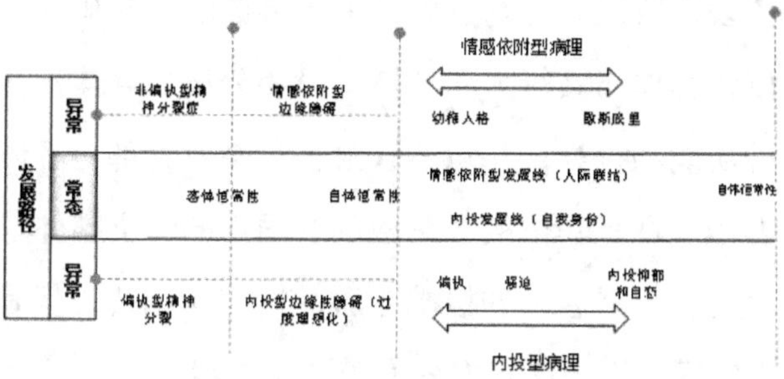

精神分裂	边缘性	神经症
客体表征恒常性紊乱	自体表征恒常性紊乱	人际关系质量和自我独立感紊乱（情感依附和内投

图 1–7　Blatt 的发展病理学模型①

不同发展阶段的客体表征具有不同的特点。客体表征可以是呈现在知觉中关于客体的视觉形象，也可以是非现实的语义唤起，例如回想起某人、某事，而高级的客体表征则主要通过符号、概念来表达。早期客体表征的基础是与需要满足相关的行为序列，中期客体表征的基础是具体的知觉特

① 改编自 Blatt（2008：185）。

征，高级的客体表征则更加符号化和概念化，最终形成一个坚固的、一般化的认知结构。具体而言，客体表征有如下几个发展阶段。

前表征、前客体阶段。此时，婴儿无法区分他的快乐感觉和提供这种感觉的客体。婴儿无法分化满足需要的客体，他们只有一个发散的、大概的、情感的、感觉的心理经验。

感觉水平阶段。慢慢地，婴儿开始知觉到需要的满足有某种来源。此时，就产生了一个转移，婴儿从被喂养时那种满足的体验转移到体验到有一个作为快乐源的客体（如乳房）。这是表征的第一个水平——感觉水平。感觉水平阶段对应皮亚杰认知发展的感觉——前操作水平，标志在于婴儿寻找客体的能力（图 1–7 自左向右第一条虚线）。

知觉的客体表征阶段。儿童具备了关于客体的一些概念，认知能力也得以发展，可以将客体与其行为和具体情境相分离。客体被认为是独立的实体，具备多种功能和行为；儿童不管沮丧 – 满意，都与客体有一个持久的情感联结。客体表征是具体的、刻板的、固定的知觉整体，不会被分解为部分。儿童会为自己对客体的极端矛盾的情绪所困扰，但是他关于客体的知觉变得非常牢固（图 1–7 自左向右第二条虚线）。

客体表征的形象阶段。客体表征的形象阶段可以分为两个子阶段。第一个子阶段，表征建立在客体的具体特征上，而不是抽象的象征上。例如，表征客体外在的形象属性等。第二个子阶段，形象表征会以更加内在、抽象的属性为基础，如价值观、思想和情感等（图 1–7 自左向右第三条虚线）。

符号表征阶段。客体表征以客体的内在形式和结构为基础，而非以对客体外显特征的知觉为基础。客体代表了一个完全独立的实体，具有具体和持久的特征、功能、价值和情感。这一水平上的客体表征具有较强的稳定性和一致性，而且不用通过与客体保持实际联系来维持表征。

各种水平的客体表征渐成性发展，每一水平拥有独特的属性和结构，而客体表征的后一阶段都是以前一阶段为基础发展起来，并包含前一阶段。

在此基础上，Blatt 提出了一个具有整合性质的心理病理发展理论。Blatt 认为人类对经验的组织可以从一个连续的维度上看待，维度的一极是与人际联结，维度的另外一极是自我界定。在 Blatt 看来，人格研究的文献没有将这两极整合在同一理论框架中。因为西方文化强调个人主义，所以不难理解为什么在人格理论文献中随处可见对"自我身份"的论述。例如，Freud 强调自我功能，Mahler（1971：73）将儿童的发展描述为从依赖到独立的分离—个体化的过程等。Blatt 评论说，精神分析的客体关系学派虽然十分重视与重要他人的关系在人格（心理）发展中的作用，但是，其基本的关注点是自治、自控、自主和独立，而不是关系的建立和维持。对自我身份的强调在非精神分析的文献中也随处可见（Blatt，2008：73–79）。总结来说："在人格发展分离理论中，自我独立和个体化的发展强调自治和自由，看重积极地、肯定地表达自我兴趣的能力，并致力于个人天赋和能力定向的、目的性的发展。"

相对于文艺复兴以来对"个人"的重视，西方心理学家重视"人际联结"只是晚近的事，其中重要的理论家有 Harlow（1958）、Bowlby（1971）、Ainsworth（1969）、Freedman 和 Leary et.al.（1951）等。Blatt（2008：83）列举了亲社会行为的研究，早期人际联结的发展以及婴幼儿遵守社会角色和规范的证据，与依恋理论家、客体关系理论家以及女权主义理论家一同对传统个体主义人格理论提出了批评。比如，女权主义理论家认为个体主义的人格理论仅描述了男性的人格发展，而女性人格发展的基调不是获得自我界定，而是获得人际联结。

Blatt（2008）从客体关系理论出发，试图将人际联结和自我界定作为人类组织经验最为基本的两极，并以此为理论框架，描述和解释人格发展，心理病理学以及治疗过程中的治疗改变机制。Diamond 等人（1990）认为，人格发展的本质是自我界定和人际联结两极不断辩证发展的过程，一极向更高水平的发展会促进另外一极向更高水平的发展。若只有一极的发展，则会产生两种不同类型的心理疾病，一类是情感依附型，一类是内投型。进一步地，Blatt 将 DSM- Ⅳ诊断系统不同类型的心理疾病整合在一个连续的、完整的理论框架中（图 1–7）。该理论也成为 DSM–5 以及 PDM 人格障碍定义以及维度取向而非类型取向人格障碍诊断的主要理论来源。

从图 1–7 可以看到，人类组织经验的两极分别是“人际联结”和“自我界定”，发展的基本路径是“人际联结”和“自我界定”不断辩证交互的过程。发展的第一个关键点是“客体表象”恒定，表示对客体、对象等的再认能力（图中从左至右第一条竖虚线）；发展的第二个关键点是“自体表象”恒定，表示自我的恒定感以及一种“回忆”和自我有关事件的能力（图中从左至右第二条竖虚线）；发展的第三个关键点是稳固的自我，表示自我整合了好的客体表象和坏的客体表象，也整合了好的自体表象和坏的自体表象（图中从左至右第三条竖虚线）。根据三条虚线所表示的发展阶段，按照其严重程度可将心理疾病划分为三类，分别是精神病性的、边缘性的和神经症的。第三条虚线是“正常”与“异常”发展的分界线。每类心理疾患按照其在“人际联结”和“自我界定”两极的位置又可分为不同的类型。例如，精神分裂症可以分为偏执型精神分裂症和非偏执型精神分裂症两种类型；边缘型人格障碍可以分为过度理想化和表演型两种；偏执、强迫和内投型的抑郁症处于“人际联结”和“自我界定”两极的自我界定一端，而歇斯底里则处于人际联结一端。

在 Blatt（2008：282）看来，治疗包括两个基本的过程。

第一，减少、修正和转换歪曲的内投。这些内投会在治疗关系中表现，并会外投到治疗师身上，这些病理性的内投会严重影响病人的正常生活。

第二，当病理性的内投得以在治疗关系中表达，病人通过内化与治疗师的关系，在治疗过程中，病人自身的修复能力开始建构更加适应的、成熟的认知－情感图式。

在 Blatt 的理论体系中，治疗过程和人格发展过程是一致的，治疗改变的机制主要是病人认知－情感图式的改变。病人所内化的更加适应的、成熟的认知－情感图式又会促进病人获得一致的身份认同并进一步协助病人发展建立互惠人际关系的能力。

当代客体关系理论家，已经发现传统精神分析临床观察法的不足，开始尝试采用实证研究的范式探讨客体关系治疗的效果和改变机制（Western & Novanty，2004）。Blatt 是其中最有影响的一位，他的研究改正了人们对客体关系理论的传统印象，认为客体关系理论家只做临床观察和理论分析，而不重视经验支持治疗（emprically based treatment）的研究证据。在 Blatt 的理论体系中，严重精神疾患病人的心理治疗过程类似于正常发展过程，因此，在对精神分裂症病人的长程、密集型的精神分析治疗中，精神分裂症病人将由较低的客体表征阶段发展为较高的客体表征阶段。Blatt 等人（1988）研制出客体关系量表（ORI）以测量客体表征的不同发展阶段。ORI 是一种投射测验，其基本做法是让被试在 5 分钟内描述重要他人，然后，根据计分手册，由专家评定被试“客体表征”的发展水平和自我－他人的分化水平。研究表明（Blatt，Auerbach，&Levy，1997；Blatt，Auerbach，2001），对精神分裂症病人的长期密集型精神分析治疗能有效提高这些病人客体表征以及自我－他人的分化水平。同时，他们的各种总体功能也得以显著提高。

第 2 章　依恋理论

依恋理论的提出者是 John Bowlby[①]。Bowlby 在剑桥大学三一学院学习心理学和临床科学，26 岁（1933 年）获得医师资格，30 岁（1937 年）获得精神分析师资格。Melanie Klein 是 Bowlby 接受精神分析训练的督导师。但在如何治疗一位 3 岁男孩的观点上，二人出现了分歧。Klein 强调幼儿对母亲幻想的作用，而 Bowlby 则认为母子关系间的实际经历更重要。第二次世界大战结束后，他成为塔维斯托克诊所副主任（位于伦敦北），并于 43 岁（1950 年）成为世界卫生组织的顾问，调查二战后无家可归的儿童的精神健康问题。在此期间，他得到了 Winnicott 的极大帮助。Bowlby 与 Winnicott 的观点更相近，都认识到在儿童早期发展中社会互动的重要性。二人也有重要的不同，Bowlby 感兴趣的是儿童所处的社会心理环境如何内化并影响了儿童的发展，而 Winnicott 感兴趣的是儿童的内部世界如何参与并被外界事件所影响。

① Edward John Mostyn Bowlby（1907–1990），英国心理学家、精神病学家和精神分析家。

2.1　依恋理论

2.1.1　母爱剥夺假说

Bowlby 的职业生涯正值第二次世界大战时期（1939–1945）。第二次世界大战期间，英国政府为了避免儿童遭受空袭的威胁，而将他们疏散到安全的地方。当时有些父母不愿和孩子分离，将孩子留在身边，一同躲避空袭。战后的研究发现，离开父母被送到安全地方的孩子，其表现的行为问题较之当时留在父母身边的儿童要多。

如果一个婴儿没有机会与照看者建立情感联系将会怎样？René Spitz（1887–1974）在一系列重要研究中，观察了在抚养院中长大的孩子。这些是 3 到 12 个月大的婴儿，妈妈抛弃了他们。这些婴儿被安置在一个大房子里，与其他至少 7 名婴儿一起，仅由一个护士看护。在这里他们哭泣，退缩，体重减轻，而且很难入睡。如果婴儿认识的养育者不能代替婴儿的母亲，婴儿的抑郁就会迅速严重起来，甚至会死亡。Spitz 将婴儿的这种抑郁称为依赖性抑郁（anaclitic depression），以表示依恋对象丧失所带来的情感性的剥夺。Spitz 将其研究制作成电影《婴儿的心因性疾病》（*Psychogenic Disease in Infancy*，1952），以记录这些婴儿的情况。

二战结束后，Bowlby 聘请 James Robertson 对医院经历短暂分离的儿童进行了自然观察，并制作出一部黑白电影《医院里两岁的儿童》（*A Two-Year Old Goes to Hospital*，1952）。James Robertson 的观察发现，被从依恋对象那里“剥夺”的儿童会经历三个阶段，分别是：抗议和哭泣（含愤怒和害怕）、绝望（喊叫哭泣）以及失依附（停止反抗和哭泣）。这个研究后来被拍成黑白电影，并促成了一些制度的改变，例如，住院期间的儿童要允许父母探望，但当时英国的医院规定父母不能探望住院的儿童。在

Bowlby 看来，这些儿童都处于不利的“母爱剥夺”条件下。在“母爱剥夺”条件下的儿童，会必然出现这些不利的后果。这就是母爱剥夺假说。

这些工作对Bowlby提出依恋理论都有直接的影响。在对未成年罪犯（偷窃）以及无家可归儿童长期观察后，Bowlby 发现传统的精神分析理论和行为主义理论不足以解释“分离”对儿童的长期影响。Bowlby 发现，儿童与母亲分离后，首先出现绝望的情绪状态，之后是愤怒，该结果显示母亲与儿童之间存在某种特殊的情感联结。这种情感联结被认为与条件作用原理无关，与性无关，而当时流行的行为主义原理和精神分析理论认为儿童对成人的依附是由于喂食或提供了其他形式的强化，但行为主义原理和精神分析理论无法解释受虐待儿童仍然依附于母亲这种现象。同时，Bowlby 受动物研究（Harlow，1958；Lorenz，1935）的很大启发，认为人类和鸟类、其他灵长类一样，在进食和繁殖两大功能系统之外，还存在第三个独立的功能系统，即依恋行为系统。之后，对人类婴儿的研究证实了 Bowlby 的观点（例如，Ainsworth，1967）。依恋理论源自 20 世纪 50 年代。在 Bowlby 著名的依恋三部曲（1969，1972，1980）出版之前，依恋理论的一些主要思想就已经以文章形式发表了，分别是《儿童对母亲联结的本质》（*The Nature of the Child' s Tie to His Mother*，1958）、《分离焦虑》（*Separation Anxiety*，1959）以及《婴幼儿及早期儿童的悲伤与哀悼》（*Grief and Mourning in Infancy and Early Childhood*，1960）。依恋理论提出后，受到了广泛的关注。2002 年《普通心理学评述》的调查发现，Bowlby 在 20 世纪有影响力的心理学家中排第 49 位。

2.1.2 基本概念

依恋理论认为，人类在进食和繁殖两大功能系统之外，还存在依恋行为系统。人类婴幼儿天生具有依恋行为系统，其进化适应功能在于促进儿童与养育者的亲近。保持与养育者的亲近是在长期进化过程中形成的。当环境中产生危险信号时，儿童亲近养育者以获得保护，使他们更有可能存活下来。与精神分析观点不同的是，Bowlby 认为对养育者的依附行为，不是因为软弱或者不成熟，相反，依附行为是一种功能性的适应，可帮助儿童获得安全感。一旦获得安全感后，儿童则开始探索环境，从获取环境的知识，获得对环境的掌控感，从而使得他们更可能存活，更可能活得更好。当有危险信号，或者有实际的危险时，或者儿童在某种脆弱的状态，例如生病或者劳累时，回到养育者那里获得保护或者安慰的过程，Bowlby 将其比喻为“充电”。这个时候养育者所发挥的功能是安全港湾（secure haven）的作用。养育者鼓励儿童适当离开，对环境进行探索，往往表现为儿童的游戏，则养育者所发挥的功能是安全基地（secure base）的作用。根据我们的研究结果，养育者可同时具有安全港湾和安全基地的作用。但在我国文化下的养育习惯，往往母亲（或外婆、奶奶）的作用是安全港湾，而父亲的作用是安全基地。所以，安全基地和安全港湾是构成安全感动态过程的基本节点（图 2–1）。

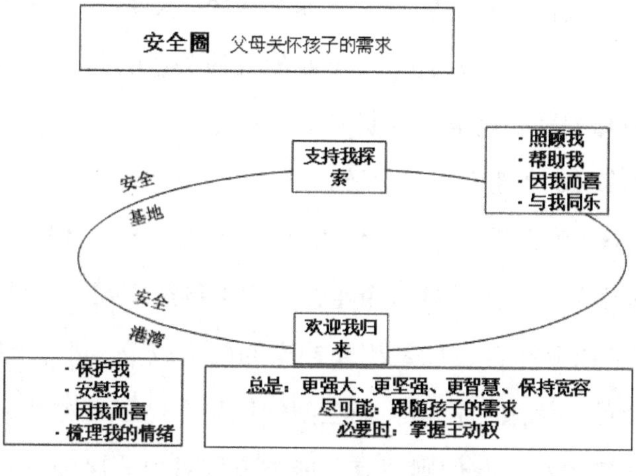

图 2–1　安全感的动态过程

Bowlby（1988：29–30）认为，任何形式的行为只要其结果是获得和维持了与能更好应对环境的某个体的亲近感都是依附行为。激活依附行为的内部条件包括疲劳和生病等，激活依附行为的外部条件是环境中出现危险信号或者与养育者空间距离过大等。依附行为被激活后，儿童会通过一系列的行为（例如，微笑，哭泣，接近养育者，跟随养育者等）获得养育者的安慰、照料和保护，从而获得安全感。Bowlby 借用了一个比喻式的说法，认为由“控制系统”调节依恋行为开始、进行和终止，如同身体调整体温、血压的机制一样。内、外威胁信号会激活儿童的依附行为，而儿童获得安全感后，则会终止依附行为，并开始探索环境。

Bowlby 认为，早期母婴互动逐渐建立并形成内部工作模型。他用了一个比喻式的说法，认为内部工作模型会从摇篮带到坟墓，以表示内部工作模型的稳定性。母婴互动和交流方式是相对稳定的，所形成的内部工作模型是一种认知 – 情感结构，也是相对稳定的。对健康的互动模式而言，母婴之间有充分、自由、无碍地交流，母亲能够充分照顾到婴儿的需求，婴儿也能把需求传递给母亲。这种互动模式内化后对应的心理表征就是内部工作模型，包括具体互动的场景、与养育者的互动脚本和情感反应；还包括有关自己、重要他人以及自己与重要他人的关系的信念和期望。内部工作模型是成为儿童发展及至成年期重要的人格变量。

依恋理论的 10 个基本观点如下。

（1）依恋行为系统是一种天生的动机系统，寻求和维护重要他人和亲密关系是天生的，该过程在整个生命历程中持续不断。

（2）安全依赖和自主性是相互补充的两个成分，没有完全的独立，只有有效的依赖和无效的依赖。安全型的依赖有助于自主性和自信。如果安全依赖的程度越深，我们则越有可能与依赖对象分离和有所不同。健康的含义是维持一种相互依赖感，而不是自给自足并与他人隔离。

（3）依附对象是安全港湾。依附对象在场并且给予安慰和安全感，而不在场则导致忧虑、悲伤和痛苦。亲近感是消除焦虑感和脆弱感的天然良药。依附对象所具有的安全港湾的作用是压力感和不确定感的缓冲带。

（4）依附对象是安全基地。依附对象为个人探索自己的世界和适应环境提供了基地。依附对象所具有的安全基地作用鼓励探索，并对新的信息持开放的态度。当我们能够感受到这份安全感时，我们才能更好地为他人提供支持。

（5）在场（accessibility，“我在”）和适当的反馈是建立情感的基本方法。情绪和情感是关键。情感上的在场和适当的回馈是建立安全依恋的基石。一个人可能“人在曹营心在汉”，即身体在场但情感上缺席。情感上的承诺、参与和信任，并且当需要时，这份承诺、参与和信任就在，这是最为关键的要素。任何反应，甚至愤怒，都比没有任何反应要好。如果没有承诺和参与，没有情感上的反应，那么信息就是“你的信号对我来说无关紧要，我们之间没有联系”。

（6）依恋需要的激活条件是危险、脆弱、害怕和不确定感。当个体感受到危险（威胁）时，对舒适感和联结的需求就会显得凸出，从而激活依恋行为过程。与依恋对象的联结是帮助我们摆脱无助感和无意义感的基本方法。

（7）分离性的哀伤过程可以预测。若依恋行为没有引发安慰性的回应或者没能与依附对象建立联系，则会产生分离性的哀伤过程，依次是反抗、黏着、抑郁和绝望，并且最终会失依附。抑郁是联结丧失的自然反应。愤怒是试图和不在场的依附对象尝试建立联系的方法。

（8）不安全参与的方式可以识别且有限，但对依附对象没有回应的反应却多种多样。

（9）依附包括内部工作模型的自我模型和他人模型，以及许多的应对策略，这些应对策略通常反映了情绪处理的过程。

（10）孤立和丧失本质上是创伤。依恋理论描述和讨论了剥削、丧失、拒绝和抛弃所致的创伤以及其持续深远的影响。这些事件对人格的形成和个体应对压力的能力具有重要和实质的影响。

2.1.3　依恋理论与客体关系理论

依恋理论的提出 Bowlby 是一位儿童精神病学家，他本人接受了严格的精神分析训练。他发展依恋理论的时期与客体关系理论的发展、繁荣几乎是同时的。Bowlby 对同时期客体关系理论有充分的了解，但他对同时期客体关系理论的一些重要假设不满，其主要原因是与“事实不符”。客体关系理论家通过临床观察逆向推测在儿童内心世界发生了什么，而 Bowlby 主要通过直接观察儿童的行为来发展他的理论。因此，依恋理论许多观点都旨在客体关系理论外提出一个不同的理论解释框架（Bowlby，1971；Bowlby，1982）。

第一，依恋理论的主要来源并非临床上对心理疾患当事人的观察，而是来自对儿童的观察，其中尤其受到关注是对那些由于各种原因被剥夺母亲照料的儿童。但是，被剥夺母亲照料的儿童毕竟在少数，实际上，所谓母爱剥夺包括两个方面的含义：缺乏和剥夺（Rutter，1981）。如果以缺乏理解 Bowlby 最初的论述，则依恋理论具有非常普遍的现实基础，而这些基础都可以通过行为观察而不是猜测儿童的内心世界得到。正是因为依恋理论强调观察，所以依恋理论的理论假设可被直接检验。

第二，依恋理论受到进化心理学的重要影响。John Bowlby 在看过小鸭、小鹅对母鸭、母鹅的“跟随行为”的研究（Lorenz，1935）和恒河猴实验

（Harlow，1965）后，受到很大启发。依恋理论中“控制系统”、依恋状态的激活和关闭等概念，以及依恋行为在生物演化意义上的适应价值，都与进化心理学思想息息相关，而客体关系理论家几乎未曾受进化心理学思想的影响。

第三，依恋理论所关注的研究对象，如爱恋关系、分离焦虑、哀伤、防御、愤怒、罪恶感、抑郁、创伤、情感失附（detachment）以及早期发展的关键期等现象与精神分析理论是相同的，但是依恋理论放弃了 Freud 的“驱力假设”，也放弃了“依赖假设”（对食物等的依赖），取而代之的是具有生物学色彩和进化理论色彩的一系列假设。例如，就分离焦虑而言，依恋理论采取生态的观点而非精神分析取向的观点解释分离焦虑。分离焦虑不是因为分离直接导致了痛苦或威胁，而是因为分离增加了痛苦和威胁的可能，分离是威胁增加的信号。人类和其他物种一样，和母亲的分离所引起的分离焦虑具有进化的、适应的价值。

第四，依恋理论保留了发展的“关键期”概念，但是放弃了“退行”“固着”“防御”等精神分析学派的关键概念。例如，重要他人的丧失则会引起自然的“哀伤反应”。哀伤反应包括朝向第三方或自我的愤怒，或者朝向丧失对象的愤怒，否认丧失已经发生，寻找丧失对象、渴求重新联合等。在精神分析文献里，这些反应被解释为“退行”，即行为特点类似于早期心理发育某个阶段的特点。Bowlby 则在依恋理论框架下重新解释了哀伤反应，认为成人的哀伤反应是重要他人丧失后自然的心理历程，如愤怒、抑郁等，这与儿童与母亲分离时的情绪反应类似，而非成人又回到早期某个心理发育阶段（即分离性哀伤过程的可预测性）。“防御过程”也不再用精神分析学派的术语解释，而是用依恋（依附）的反面“失依附”（detachment）解释。“失依附”儿童在“陌生情境”（Ainsworth，1978）中不会有依恋行为，即使在受伤的情形下，也不会寻求安慰。通过依恋行为系统的“控制装置”，这些本可启动依恋行为的信号在“失依附”儿童那里都不会激活依恋行为，与依恋行为相伴随的感受和愿望都一同被暂时或永久的“关闭”。Bowlby借用当时流行的信息科学的观点，认为“心智装置”有选择性地“关闭”了对某些信息的觉察，从而排斥了对“爱”与“被爱”的体验。这个过程就是精神分析学派的“防御过程”。

第五，心理病理与“分离焦虑”“哀伤反应”和“失依附”有关，而内化的相对稳定的“分离焦虑”“哀伤反应”和“失依附”与养育者对待婴幼儿的方式有关。养育者对待婴幼儿的方式又与他们本人在婴幼儿时期被对待的方式有关，因此，依恋行为具有一定的代际传递性。“分离焦虑”“哀伤反应”和“失依附”最终损害了“记忆的真实性”。个体无法客观觉察现实的环境，包括人际环境，从而带来一系列的心理病理过程和精神疾患症状。

2.1.4 一些评论

Bowlby可能过于简单地概括了客体关系学派的理论观点，原因在于提出了一个独立理论，其首要任务在于区别该理论与其他理论的不同点。弗洛伊德的早期理论强调创伤经验及宣泄创伤经验的治疗作用，这一点基本上被当代客体理论学派否认，因为仅有创伤经验的宣泄并无治疗作用，还需要“矫正性情绪体验”（Weiss，1993；Prochaska & Norcross，1999）（详见共同要素作用机制部分）。现代客体关系理论会在这点上批评Bowlby（1988）强调创伤性经验（例如前述父母对待孩子的不当方式）的宣泄与治疗效果的关系。但是，Bowlby重视创伤经验对心理病理发展的影响并非对弗洛伊德创伤理论的简单回顾，相反，他重视外部人际环境如何产生了创伤经验。Bowlby不太重视内部的心理过程，正是在这一点上，Bowlby强调依恋理论与客体关系理论的不同。然而，不少客体关系理论家同样重视外部人际环境的影响（Fonagy，2001：157–158）。

Fonagy（2001：158–163）在详细讨论各种类别的客体关系理论之后，认为现代客体关系理论与依恋理论在基础理论假设层面共同点更多，至少体现在以下四个方面：首先，二者都强调实际的和心理的现实之区分，即个体的社会经验和社会知觉如何受到意识和无意识层面信念、期望的扭曲，都试图揭示实际的和心理的现实之间矛盾的产生机制；其次，二者都强调早期经验，特别是出生后一年的早期经验对人格发展的影响；再次，二者都强调母亲对婴儿的回应敏感度对客体关系表征或者依恋模式的影响，只不过依恋理论往往从养育者的特点入手，而客体关系理论的重点在于母亲回应婴儿的方式的后续影响，即母婴关系如何影响了儿童的心理发育过程；最后，二者都强调获得并维持“关系”是人类的基本动机，现代客体关系理论基本放弃了力比多驱力的假设，而认为基本驱力是“寻求关系的建立”。总结而言，依恋理论和现代客体关系理论是相互助益的共生关系而非竞争关系（Fonagy，2001；Shaver & Mikulincer，2005）。

Bowlby（1988：156–158）直到晚年才总结了依恋理论在心理治疗中的可能应用，他认为心理治疗的五个关键任务分别是：

第一，为病人提供安全基地（Ainsworth，1978），在这里病人可以不受威胁地探索他过去和现在的痛苦；

第二，帮助病人探索他与重要他人互动的方式、他对自己以及对别人的期望；

第三，探索治疗师与病人之间的关系；

第四，鼓励病人探索现在的觉察、期望、感受和行为与过去的，特别是与重要他人互动时的觉察、期望、感受和行为之间的关联；

第五，治疗师需要让病人了解他的自我意象和他人意象是从过去经验中而来，已经不适合现在和将来，这样病人就获得了对自我意象和他人意象的准确觉察，包括与治疗师的关系、与父母关系中的自我意象和他人意象的准确觉察，从而开启了康复之路。

但是，仔细检查这些建议后，可以发现，Bowlby 对治疗过程所建议的关键任务同样可以用非依恋理论的语言描述，特别是心理动力学和人际理论描述（Eagle，2006）。虽然 Bowlby 出身是儿童精神病学家，但他在致力于发展依恋理论的时候，并没有花多少精力研究如何将依恋理论应用于治疗当中。如果说依恋理论观点有别于其他治疗流派，那首先要回答以下几个问题：不安全依恋的内部工作模型在成年期能否修正？在治疗过程中这些消极的内部工作模型能否变为积极的内部工作模型？内部工作模型的改变是否是获得治疗性改变的重要方面？根据 Mikulincer 和 Shaver（2007）的总结，初步的证据表明对这三个问题持肯定的回答，但还有更多的问题需要进一步研究，以获得基础更加牢靠的结论。依恋理论在临床治疗过程中的应用研究还远没有如认知治疗研究那样深入、广泛。Slade（1999：577）明确拒绝“依恋治疗”流派的观点，他说：“对依恋的本质和过程的理解启发而不是定义了临床干预和临床思考”。Meyer 和 Pilkonis（2005）及 Eagle（2006）也同意这种看法。

2.2 Bowlby 之后——社会认知研究

Bowlby 提出依恋理论后，激发了大量的研究，之后的进展大体可以归纳为两条线路：一是从 Mary Ainsworth[①] 陌生情境法到 George，Kaplan 和

① Mary Ainsworth（1913–1999），美国心理学家。Ainsworth 的陌生情境法研究对现代依恋理论发展具有里程碑式的意义。

Main 的成人依恋访谈法（adult attachment interview，AAI，1985），这些研究要么是儿童发展领域，要么是将 AAI 及其衍生的方法应用于临床研究和实务；另外一条线路，本书称之为“社会认知”领域，其中最重要的是 Hazan 和 Shaver（1987）将 Bowlby 的观点拓展至成人的浪漫关系。在此之后，大量研究讨论了所谓的“成人依恋风格”，以及使用依恋理论为基本框架，对社会认知这样的“热认知”进行的深入研究。

Mary Ainsworth 通过陌生情境法发现了三种不同的依恋类型。陌生情境的基本程序是七步：与母亲一起留在游戏室中；陌生人进来，加入他们；母亲离开，留下孩子与陌生人在房间中；母亲回来，陌生人离开，母亲和孩子在一起；母亲离开，留下孩子单独待在房间中；陌生人返回房间，与孩子一起留在房间中；母亲返回，与孩子重聚。陌生情境观察儿童行为的两个方面：儿童从事的探索行为（即，玩新玩具）的总量，儿童对母亲行为的反应。陌生情境法发现的三种依恋类型分别是安全型、矛盾型和回避型。安全型儿童的典型表现是，当养育者在场时，安全型儿童会自信地探索环境，当母亲离开时，他们会显得轻微焦虑不安，但母亲回到实验室时，他们会比较容易得到安慰。矛盾型儿童的典型表现是，当母亲离开时，儿童会极度焦虑不安（如大哭大闹，不让母亲离开等），而母亲回来时，极度的焦虑不安也不容易平息。回避型儿童的典型表现是，母亲离开时，他们没有明显的情绪反应，母亲回来时，他们会忽略或回避与母亲的接触（Ainsworth et al，1978）。Ainsworth 等人的研究之后，研究者陆续描述了其他类型的依恋模式，例如回避、矛盾混合型（Crittenden，1988），紊乱型（Main & Solomon，1990）等。

一项元分析结果表明，儿童中有 55% 为安全型，有 23% 为回避型，有 8% 为矛盾型，有 15% 为紊乱型（van Ijzendoorn，1995）。研究发现，母婴互动的特点如养育者对婴儿需求敏感回应的特点与安全型依恋和不安全型依恋有中等程度的关联（DeWolff & van Ijzendoorn，1997）。安全型儿童的养育者常常对儿童需求具有稳定的敏感性，矛盾型儿童的养育者对儿童需求的反应不稳定、不敏感，而回避型儿童的养育者往往表现出冷漠、拒绝或过度控制等特点（Crittenden，1988）。

安全型：有母亲在时，这类婴儿会以妈妈为中心进行独自探索，母亲是“安全基地”；当母亲离开时，婴儿会有明显的不安；当母亲返回时，婴儿会跑上前，要拥抱等；母亲在场时，这类婴儿对待陌生人很随和大方。

回避型：这类儿童对母亲在场或不在场影响不大，母亲不是“安全基地”；对母亲的情感联系和依赖较少；当母亲离开时，婴儿很少表现出抑郁；显得很冷漠；当母亲返回时，也没有温暖的回应。对待陌生人有时很随和大方，有时又很冷漠。

矛盾型：与母亲在一起时也无法把母亲作为安全探索的基地。母亲要离开之前，总有点大惊小怪。显得很警惕，如果母亲要离开他，他就会表现出极度反抗。母亲回来后，表现得很矛盾：想亲近母亲，又对母亲的离去很生气，发脾气，从而抵抗母亲的温暖性安慰。对陌生人相当戒备。

紊乱型（混合型）：混合了回避型与抗拒型依恋的特征，对是接近还是回避照料者犹豫不决；他们可能在靠近母亲的过程中突然跑掉，也可能在母亲接触他的过程中突然情绪爆发。

2.2.1 成人依恋风格

虽然 Bowlby 发展依恋理论的主要依据是来自对儿童的观察，他认为人生历程中的所有重要关系都具有依恋的性质。Hazan 和 Shaver（1987）将 Bowlby 的这种观点拓展至成人的爱恋关系。他们认为，成人爱恋关系中的情感联结与婴儿和其养育者间的情感联结具有一些共同的特征，这些共同特征分别是：另一方在身边和能够响应自己时，都会感到安全；都有亲密、私人性质的身体接触；当不能亲近另一方时都感到不安全；都与另一方分享自己的发现；都会抚弄另一方的面部，并都显示出相互间的迷恋和专注；都会进行“身体交谈”。基于这些共同特征，Hazan 和 Shaver 得出结论说，成人的爱恋关系与儿童养育者间的情感联结是依恋行为系统在人生不同阶段的表现。

基于内部工作模型的假设，Bartholomew 和 Horowitz（1991）提出了内部工作模型“两维度 – 四类型”的理论模型和测量模型以测量成人依恋。自我模型和他人模型可分别从积极 – 消极维度评价。例如：积极自我模型的典型信念是“我自己是值得爱的”，消极自我模型的典型信念是“我自己是不值得爱的”，而积极他人模型的典型信念是“他人是值得信赖的”，消极他人模型的典型信念是“他人是不可靠的”。四类型分别为安全型、倾注型、轻视型、害怕型。所有的依恋类型都分布在两个维度构成的四个象限中。Batholomew（1991）发展了关系问卷（RQ）以测量这四种成人依恋类别。Brennan 等（1998）编制了亲密关系体验问卷（experiences in close relationships，ECR），改成人依恋类别测量为连续测量，进一步发展了成人依恋的自陈式测量，即成人依恋风格（adult attachment style）。Fraley，Waller 和 Brennan（2000）采用项目反应理论在 Brennan 等编制的 ECR 的基础上重新分析并修订了亲密关系经历量表—修订版（experiences in close relationship-revised，ECR-R）。“两维度 – 四类型”模型假设激发了大量的研究。

关于内部工作模型还有许多问题值得进一步探讨，这些问题虽主要表现在对内部工作模型的测量上，但也与内部工作模型的理论问题密切相关。关于内部工作模型值得进一步探讨的问题主要体现在三个方面（Pietromonaco & Barrett，2000）：首先，内部工作模型的内容问题。一直以来，内部工作模型都被视作是一种认知结构，但是在 Bowlby 的依恋理论中“情绪”的地位又举足轻重，那么内部工作模型与“情绪”的关系是什么，另外，对成人的内部工作模型的测量除自我报告是否还需要其他的测量方法；其次，内部工作模型的结构是什么，例如内部工作模型是层级结构还是复杂的网络连接，内部工作模型什么时候在抽象的水平上发挥作用，什么时候在具体的水平上发挥作用，不同个体的内部工作模型结构是否相同；最后是内部工作模型发挥作用的过程，例如，内部工作模型的激活条件，激活的过程以及被激活后又如何发挥作用从而产生依恋行为等问题还有待进一步探索。

2.2.2 成人依恋风格与心理病理学

依恋理论认为，儿童与慈爱、照料周全和敏感回应的依恋对象在日复一日的互动中所形成的安全依恋是健康心理的基础，而不安全依恋，消极自我模型和他人模型，内部情绪调节和外部人际调节的不足则与依附对象的拒绝、忽视和缺乏有关，这些与依附对象有关的消极经验所形成的不安全依恋增加了个体发生心理障碍的可能。总体来看，对临床病人的研究发现不安全依恋类型较多，不安全依恋与消极情绪以及某一类别症状诊断有较高的关联（Mikulincer & Shaver，2007：376–377），但是不安全依恋并非致病的唯一因素，特别是在成人依恋与心理病理的关系中更是如此。不过，依恋理论家显然更加强调“紊乱型”的依恋在心理病理发生上的源头位置，即从发生序列上讲，源于早期养育关系中依恋行为系统的紊乱是理解成人心理病理其他影响因素的关键（Mikulincer & Shaver，2007）。

Mikulincer 和 Shaver（2007：370–372）根据大量的研究结果，概要性地总结了依恋理论与认知风格、情绪调节、自我调节及人际行为调节的关系，以及这些因素如何组成一个“网络”共同导致心理疾病的发生，而这也能解释为何对这个“网络”中任一结点的干预都能带来治疗性改变。下面根据 Mikulincer 和 Shaver（2007）的概括简要说明依恋焦虑和依恋回避与其他影响因素的关系。

首先，不安全依恋者具有病理性质的认知风格。根据依恋理论和相关研究，不安全依恋的个体严重怀疑他们的自我价值和自我效能，他们学会了无望、无助的解释风格；他们容易受拒绝、批评和不被赞同的影响；他们为自我批评和完美主义深深伤害。这些有害的认知过程与心理病理的认知模型是一致的（A.Beck，1976）。例如，Beck 认为不合理的自动化核心信念如“不被他人赞同是可怕的”“如果我不能进入某大学我就什么都不是”等是抑郁症的主要易感因素。从依恋理论的角度，这些易感因素的源头是与依附对象相处中存在大量挫折和情感伤害的经历。

第二，依恋系统影响情绪调节功能。良好的情绪调节功能是健康心理的必要条件之一，而不良的情绪调节功能是多数心理障碍的主要特点之一。依恋理论认为，感到安全是处理消极情绪，恢复情绪稳定的内部资源，而这些资源有助于个体采用建设性的、适应的策略处理生活中遇到的任务和困难。这些内部资源能帮助个体体验并承认消极情绪，不必采用扭曲或压抑的方式，使得与情绪有关的行为倾向能最大程度地发挥其适应性功能。这些处理消极情绪，较长时间保持情绪稳定的能力，使得安全型依恋的个体不太可能走向适应不良的情绪状态，从而不易患上心理疾病。

依恋理论认为，不安全依恋是导致消极情绪、长期痛苦和心理病理的危险因素之一。具体而言，依恋焦虑是依恋系统一种过度激活的状态

（hyperactivity），会增加痛苦经验的强度和延续时间，甚至在客观威胁消失后仍然如此。其结果是，依恋焦虑个体会体验到大量无法控制的消极思维和感受，并进一步导致认知紊乱，甚至心理疾病。此外，情绪调节功能的问题还可能导致愤怒的爆发及冲动行为。回避型依恋同样是情绪调节的重要影响因素。回避型依恋是依恋系统的一种过度潜伏状态（deactive）。回避型依恋的个体常屏蔽正常的情绪，压抑痛苦，试图忘记这些痛苦，而这些被“忘记”的痛苦会损害他们处理消极生活事件的能力。如果发生了较大的生活压力事件，回避型依恋的个体难以适当面对这些问题，难以寻求外部支持，从而有可能导致心理功能的损害和紊乱。

第三，不安全依恋者自我调节方面的问题进一步加重了他们对心理疾病的易感性。例如，相对不能形成有效的计划，不能努力解决问题，对难以获得的目标缺乏坚持性等导致他们在学校、工作场所和亲密关系中体验持续不断的挫折、失败和痛苦。这些经验使得不安全依恋的个体怀疑他们处理生活任务的能力。行为调节能力上的相对不足，又会增加情绪调节方面的问题，二者一起强化了他们的消极自我模型。随着这种自我毁损循环的不断进行，不安全依恋个体对心理疾病的易感性也不断加重。

第四，人际问题同样参与到这种自我毁损的循环中。不安全依恋成人常常陷入人际冲突，倾向于采用不适宜的冲突处理策略，从而加重了他们的人际痛苦。他们缺乏人际敏感性，在自我关注和关心他人之间无法获得平衡，这些不足毁害了他们的人际关系质量，使得重要人际关系不稳定。在夫妻关系中，不安全依恋者或过于疏远，或过于焦虑，从而引发了对方的拒绝、愤怒或疏远，并进一步导致关系失败。这些人际调节的模式是稳定的人际联结模式。不安全依恋者正是通过这样的人际行为模式与他人建立联系，但却无法满足他们病理性的人际需求（详细见第一章第一节、第二节）。这种矛盾冲突是朝向心理疾患的另外一条路径。

按照 Mikulincer 和 Shaver（2007）的看法，讨论依恋理论与心理病理的关系需要回答以下三个问题：首先，不同的依恋类型是否与不同的心理障碍有关？由于依恋理论把内部工作模型当作所有心理疾病的共同致病因素，因此，依恋类型应该与大多数心理障碍的发生有关，而不是某依恋类型与某些心理障碍存在一一对应的关系。Mikulincer 和 Shaver（2007）在有关依恋类型与成人心理病理的综述（第 13 章）中得出结论，肯定了这一看法。在 2010 年出版的《依恋理论手册》中，Dozier，Stovall-McClough 和 Albus（2008：736）对儿童时期的依恋类型与成人心理病理的关系得出了相近的结论，仅儿童期紊乱型依恋与青少年期和成年早期分离症状的关系，抗拒型依恋与情感障碍的关系得到支持。研究者猜测，这可能是由于这些依恋类型的行为表现与对应的心理障碍具有较高的相似性。

其次，不安全依恋本身是否就足够导致心理疾病？从我们对 Mikulincer 和 Shaver（2007）理论分析的介绍中可以看到，不安全依恋无疑是其中一个重要的致病因素，但还需要与相应的认知风格、情绪调节、自我调节和人际问题等共同作用才能最终导致心理疾病。

再次，不安全依恋与心理病理间是单向关系还是相互影响的关系？答案是相互影响的关系。虽然不安全依恋对心理障碍的发生有重要影响，但同样，心理障碍发生后会进一步恶化不安全依恋者消极的自我模型和他人模型，主要的途径有心理障碍的发生本身会激活消极的自我表征，这种效应会通过心理障碍的社会污名效应得到加强。不安全依恋者对不被接受、不可爱、不被照料和不受支持等的焦虑和担心会因心理障碍的发生得到加强，进一步巩固了他们的消极内部工作模型。

Meyer，Pilkonis 和 Beevers（2004）在 176 名大学生中调查了由 SCID-Ⅱ

评估的人格障碍特征与依恋焦虑、依恋回避（ECR 所测量）的关系，结果发现依恋焦虑与除分裂型人格障碍特征之外的其他 9 种人格障碍特征有显著相关（从 0.26 到 0.47），而依恋回避仅与回避型人格障碍特征和分裂样型人格障碍特征显著相关，相关系数分别为 0.22、0.16。这可能与依恋回避者通常对负面情绪、心理痛苦采用压抑、回避的防御方式有关。

在 152 名临床病人中，采用 ECR 和 SCID- Ⅱ进行调查，把 SCID- Ⅱ轴Ⅱ的人格障碍评价得分最高的 10% ~ 15% 选出，这样每种人格障碍特征组有 19 ~ 28 人不等。他们在 ECR 二维度中的位置见图 2-2。从图 2-2 中可以看到，边缘型、表演型以及依赖型人格障碍特征落入倾注型一类，而分裂型、分裂样型、强迫型、自恋型和反社会型人格障碍特征落入忽视型一类，偏执型和回避型人格障碍特征则处于害怕型和倾注型之间。由此，从包括理论上的猜想，Meyer 和 Pilkonis（2005：252）根据内部工作模型自我 - 他人表征特点将人格障碍分为五类，分别是忽视型（反社会型、分裂型、分裂样型）、害怕型（回避型人格障碍）、害怕忽视混合型（偏执型、自恋型人格障碍）、倾注害怕混合型（强迫型人格障碍）和倾注型（边缘型、依赖型人格障碍）。与人际理论的比较可发现，人际理论和依恋理论从不同侧面描述人格障碍的心理病理特征，但得出了类似的结论，即某几种人格障碍类别具有一些共同特征（见第一章第一节、第二节）。这与 Mikulincer 和 Shaver（2007）的理论说明相应：即依恋类型、认知风格、情绪调节、自我调节和人际调节是心理疾病发生时相互联系、相互影响的网络，这一组特征可分别从依恋类型、认知风格、情绪调节、自我调节和人际调节等方面描述，而这些结点的共同作用最终导致发生心理障碍。

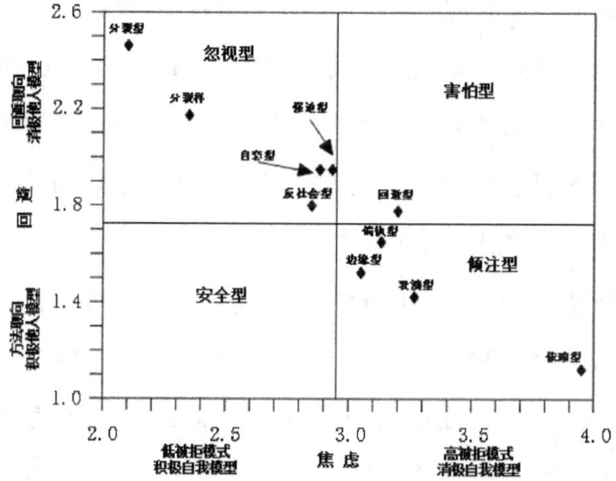

图 2–2　成人依恋风格（依恋二维度 – 四类型模型）与人格障碍的关系

2.3　Bowlby 之后——成人依恋访谈（M&G 版）

成人依恋访谈最初由 Main 和 Goldwyn（1984）发展用于评估成人依恋表征状态（state of mind or internal working models）。其主要任务一是回顾和反思与重要他人依恋经验的过往，二是同时与访谈者维持具有连贯性的会谈（Hesse，1996）。成人依恋访谈（M&G 版）（M&G–AAI）包括 20 个题目，用于探查受访者与养育者的经验、儿童期（也就是 12 岁以前）的经验对现在的影响、当受访者在儿童期时养育者为何会那样的行为以及现在与养育者（父母）的关系。受访者与养育者的经验包括依恋理论常见的主题如受访者儿童期的苦恼、身体受伤、生病、分离和被拒绝等。通常，这些是儿童期或多或少都会经历的情景。

再来复习一下 Bowlby 的思想。首先，Bowlby 强调儿童发展的实际经验以及他如何表征这些经验，即个体的“内部工作模型”如何加工和呈现这些经验。成人依恋访谈设计的目标在于评估这些“表征状态”。虽然从访谈中无从知晓实际上到底发生了什么，但是却可从访谈的逐字稿中“推演”和“估计”受访者的早期经验。其次，Bowlby 认为内部工作模型有自我、他人以及自我他人关系的表征模型。成人依恋访谈通过反复询问受访者过去特定方面当下的想法和感受，从而了解受访者在依恋访谈情境下如何评价和解释依恋相关的信息。

完成成人依恋访谈后，访谈的录音通常会誊录为逐字稿。如何分析这些逐字稿得到成人依恋的类型呢？ Main 等人认为成人依恋访谈分析本质上是一种会话分析（discourse analysis），她们借用了语言哲学家 Grice[①]（1975）提出的原则以分析访谈是否是合作的、合理的会话。一条首要的原则是受访者的表述是否连贯、前后一致。如果受访者的表述前后一致，就表明受访者是安全 - 自主型。如果受访者的成人依恋访谈会话通篇都体现了合作性、一致性和合理性，受访者的孩子往往就是安全型的。

Grice（1975）提出的会话准则的合作性包括以下几点：一是从量（quantity）上衡量，即话不多说，也不少说；二是从质（quality）上衡量，即说真话，有证据；三是从相关性（relation）上衡量，谈话内容切题；四是从谈话方式（manner）上衡量，即简单明了，井井有条，同时避免晦涩和歧义。

在 Grice 理论的基础上，要获得成人依恋访谈的类别，需要对成人依恋访谈的誊录稿通过三轮阅读（编码）进行分析。第一轮旨在了解受访者对依恋对象的态度包括誊录稿信息是否充分、完整，以及在依恋拒绝、角色置换、忽视和获得成就的压力等评分条目上依据逐字稿评分。第二轮旨在了解受访者的表征状态。和忽视型有关的评分条目包括理想化主要养育者、坚持没有童年的记忆、贬低与依恋相关的经历等；和倾注型有关的评分条目包括朝向主要养育者的愤怒（成人依恋访谈当下的或讲述的过往内

① Paul Grice（1913–1988），英国哲学家。

容中的；用 Grice 的理论来看，这些会话往往会同时违反相关性、谈话方式以及质和量等会话准确性），会话过程中的被动性、模棱两可或者答非所问等（相关性）；而和安全型有关的评分条目包括誊录稿的连贯性和一致性、元认知的监控或对当下的思考等。第三轮是对前面两轮的交叉检验，评分条目得到的信息是自下而上的评估，而第二轮是自上而下的评估。第三轮可以检查这两种方法得到的结果是否一致，是否会得到同一种依恋表征的类别。如果第一轮、第二轮的结果不一致，则需要重新检查访谈逐字稿。

以下给出成人依恋访谈的一些例子。这是两段访谈，涉及第一轮编码受访者对依恋对象的态度："坚持不记得童年的事情"。访谈的问题是："有关于一些孩子常见的经历的。在你小的时候，要上床睡觉的时候发生过什么？可以举一个具体的例子。"这是受访者甲的回答：

A：上床睡觉的时候？

Q：嗯。

A：好像没有什么呀，要睡觉的时候？

Q：没什么事情是吗？

A：没有什么事情呀，有什么事情呢？

这是受访者乙的回答：

A：就是，上床睡觉的时候，我记得我一颗牙齿掉了，然后，牙齿掉了，然后我那时候特别害怕，我不知道牙齿掉了是怎么回事。反正我就害怕得要命，我想牙齿为什么会掉呢？我就跟我爸妈说，然后他们好像说要把牙齿，上床睡觉之后，放在屋顶上什么的，我记不清了。

以下这段访谈涉及第二轮编码是否违反 Grice 会话的基本原则，第一段访谈有明显的违反，而第二段则较为一致，具有连贯性。

Q：嗯，你可以先大概描述一下，用五个词语描述你的爸爸。

A：我最近，就我现在就突然想起他的好来了。这几次就，就觉得，他那时候也，就他花钱上特别大方，虽然他没什么钱，他就每次给我买芒果呀，给我买什么菠萝啊什么的，就当时挺贵的东西，他都舍得给我买着吃。我觉得他挺好的。

这是另外一位受访者的会谈片段：

Q：嗯，好。那当你说你和你的母亲关系是争执的时候，呃，你能告诉我一个具体的例子吗，也是尽可能地回到尽早的时候。

A：嗯，跟我母亲起争执，基本上就是，意见不合的时候，然后跟她两个人，就是两个人都说不通，你也不接受我我也不接受你的意见，然后就会吵起来，就，我说，我现在能想起来的就是，记得小学的时候，嗯，我妈对我那个成绩的要求比较高，然后，没考好的时候，她就会就是那种嗯，还比较严厉地那种责备我，而且就会觉得，你是什么没有好好学习，然后，在那种时候，可能一开始我是其实是自己也会觉得有一点，嗯是不是最近没做好的感觉，但是当她那个样子一直责备我的时候，我本来觉得有点内疚的，突然就会有一种想反抗的感觉，然后就会跟她起争执。

大量基于成人依恋访谈的研究发现成人依恋表征状态可分为三类，分别是：安全－自主型（肯定依恋的价值但对特定事件或特定关系持客观态度）、回避型（忽视或者轻视依恋关系和经验的重要性）以及矛盾焦虑型（被过往的依恋关系或者依恋经验占据）。后来，他们又发现了第四种依恋类别，即紊乱型（简而言之可以认为混合了回避型和矛盾焦虑型的特征；紊乱型又可分为不能分类型以及（创伤）未解决型）。最后一种类别在临床群体中较为常见。三种依恋类型的特征描述如下。

成人依恋对应的三种依恋类型分别为：B 型－安全型、A 型－回避型、C 型－矛盾焦虑型。三种依恋类型在回忆早期经验时具有各自鲜明的特征。

（1）B 型－安全型：能够表达对他人的需要，不论对其抚养者父母还是对重要他人，都能够及时表达自己的需求；过往的依恋经验对其成长有作用，能够与过去建立积极有效的联系；在被问及过往经验时，以开放探索的态度回忆过去，对其依恋对象既不过分依靠又不过分独立分离；接纳自身的不完满，能够宽恕父母曾经的失职之处，若提及父母不当的养育行为时，有真实自然的情感流露，不会掩盖或表现夸张。

（2）A 型－回避型：认为自己很好，积极正向的描述和表达自己，很少有负面经验，即使有，也要以正向积极的方式去解读，不认为自己有受伤或者难过而需要他人；在被问及过往经验时，内容抽象，看起来现在和自己过去的经验毫无关联，只回忆或者讲述个人卷入度低的事情，且都是正向的；只看到父母的消极面，关系淡漠。

（3）C 型－矛盾焦虑型：在回忆过去时，谈论的内容都沉溺于细节中，反应较为机械，不能灵活处理，无法加工处理复杂信息；内容停留在与父母相关经验上，不能贯穿联结自身经验，无总体性的反思；会有抱怨抚养者的言语，想要得到别人认同，并且会在一句话中左右摇摆，自相矛盾；在认识父母养育行为时不平衡，过度指责父母。

Steele, H., & Steele, M.（Eds.）.（2008）不认为成人依恋访谈（M&G 版）本身可以成为一种治疗模式，成人依恋访谈只是临床工作的一种有益补充，他们总结成人依恋访谈（M&G 版）在临床上至少有十大用处，分别是：

（1）协助了解病人的依恋经验，而病人的思维、感受和行为模式的根源往往在这些依恋经验之中。病人的这些依恋经验就是病人这个人。

（2）促成治疗联盟和治疗对当事人的有效性。他们认为成人依恋访谈的问题（以及中立、客观地聆听）可以促进治疗联盟，增进信任，增进对病人这个人的理解。

（3）成人依恋访谈对发现病人的创伤经验和重要丧失特别有用。

（4）了解病人对防御过程的依恋程度和范围。病人“真实”的消极体验、相关的想法和感受，虽然未曾被觉察，但还是被储存在记忆之中了。所以，当受访者说妈妈爱我，但被问及具体的记忆的时候，往往与“妈妈爱我”恰恰相反。

Q：那如果让你选择5个词语或者短语来描述一下你和你妈妈这段关系，你会选择哪五个词？

A：哦，特别依赖嘛（依赖），然后，嗯……我妈对我很重要，嗯……（思考15秒，清嗓子）其实我对我妈比我对我爸还亲，那个……（亲近？）嗯，（沉默10秒）对她，小时候是挺怕她的，那个叫害怕吧应该，那个词叫害怕，因为她爱打我。嗯……几个词了老师？

Q：4个了，依赖、重要、亲近和害怕，还能想到什么吗？

A：是以前的关系吗？

Q：对，小时候的关系。

A：小时候的关系，嗯……有时候挺烦她的，就是那个也不知道怎么形容，就是她每次就是我，哦，小时候是哪种小时候啊就是那种……

（5）了解病人早期的关系模式对成年期的心智和行为的牵引力，在多大程度受到过去的影响，或者似乎心智和行为模式还停留在过往。病人心智“向表征水平的爬升”是依恋理论的核心观点之一。从依恋经验中，我们会构建内部工作模型，它是一种包括感知、记忆和情感的装置，以指导我们如何解释他人的行为，塑造我们的自我意识，以及防御性地从意识中排除某些对自我或他人的评价（或创伤、丧失的经验）。病人当前一些难以理解或破坏性的行为往往可从过往的依恋模式中获得充分的理解。

（6）成人依恋访谈可以作为临床工具，和其他信息一起做出一些重大决定，例如孩子是否需要被收养，有家庭暴力或虐待史的父母何时才适合重新和孩子在一起，获得孩子的抚养权等。

（7）了解病人内部工作模型中的“魔鬼”和“天使”。虽然成人依恋访谈会了解过去的创伤和丧失等消极经验，但成人依恋访谈也试图了解病人如何整合过去的这些经验，以及从创伤和丧失经验中获得何种成长，甚至可以发现被遗忘的依恋资源。这会让绝望病人重拾信心，了解病人内部工作模型中的“天使”可在临床工作中建立强有力的治疗联盟。

（8）成人依恋访谈让对反思性功能可靠观察成为可能。反思性功能指对自我和他人心理状态性质的觉察，正在起作用的心理状态和行为的相互影响，发展视角下规律以及对当下对话情境需求的敏锐性（Fonagy et al.，1998）。研究发现同样经历了创伤和丧失，有好反思性功能，往往意味着受访者具有好的复原力（Fonagy et al.，1994）。比如问：“你认为你小时候父母为什么那样对你呢？”如果受访者的回答是：“我父母的行为，我怎么知道，这要问他们啊！”这种回答表示受访者高的情绪唤起、敌意和低的反思性功能，而具有高反思性功能的受访者往往会对这个问题感兴趣，形成较为精细的认知－情感结构，并最终在某种程度上和过往达成有意义的“和解”。

（9）用于选择和训练临床心理学家。人格的成熟和健全往往是成为临床心理学家的必要条件，成人依恋访谈可作为一种有效的工具，选择下一代的临床心理学从业者。

（10）评估相关的治疗效果。显然，病人的治疗性改变需要不安全的内部工作模型的改变。有效的治疗（尤其对人格障碍患者而言）往往意味着内部工作模型的改变和反思性功能的提升。

2.4 成人依恋访谈（M&G 版）之后

2.4.1 反思功能（reflective functioning）

Fonagy 等（1991）在阅读有关《伦敦父母儿童项目》的 AAI 访谈文本时注意到：受访者的回应在很大程度上围绕着“试图依据内部依恋经验表征状态去理解自我及他人的行为”这一主题。这很容易联想到 Main 等提出的对依恋经验的元认知监控。受 Main 的启发，Fonagy 着重研究了个体对依恋关系的反思功能（Fonagy et al.，1998）。基于成人依恋访谈，Fonagy 等人发展出反思功能量表。反思功能量表的编码主要分为两个步骤。首先，编码者从依恋表征状态（state of mind）的本质、行为方面、发展方面、互动方面对每个访谈问题逐句编码，并依据编码结果将反思功能划分为两个水平：缺失－低反思功能和中等－高反思功能。然后，依据受访者所叙述内容的精细程度、复杂程度与原创性等，编码者对中等－高反思功能的个体做进一步细化评分；而对缺失－低反思组，则依据受访者所叙述内容的具体性、概化性、心理状态的缺乏度及叙述内容的乏味程度等做进一步细化评分（Taubner et al.，2013）。验证性因素分析显示反思功能量表包含两个高相关因子：对过去与当前关系的反思。因为一个因子即能很好拟合模型，所以反思功能量表选择使用一个整体分数（对过去关系的反思）来评估反思功能。

个体反思功能的缺失与多种心理疾病间有密切联系。研究发现，在非临床人群中，成人的反思功能平均得分为 5.0 ~ 5.2（Fonagy & Levinson，2004；Fonagy et al.，1996）。在临床人口中，边缘型人格障碍患者的反思功能平均分处在 2.70~3.21 之间（Fonagy et al.，1996；Fischer-Kern et al.，2010；Gullestad et al.，2013；Levy et al.，2006）。

暴力罪犯与非暴力受试比较，前者反思功能得分明显偏低，在控制了人格障碍的影响之后，结果依然如此（Fonagy et al.，1997；Fonagy& Levinson，2004）。有关进食障碍的临床研究也发现，病人的反思功能分数较低（2.4 ~ 2.8）（Fonagy et al.，1996；Ward et al.，2001；Pedersen et al.，2012）。Taylor 等（2008）的研究发现，自闭症者在反思功能上的得分也远远低于控制组（依恋状态与情感障碍匹配组）。此外，在有关创伤后应激障碍（王倩，杨蕴萍，2011）、物质滥用（Pajulo et al.，2012；Suchman et al.，2010）及部分抑郁症（Fischer-Kern et al.，2013）的研究中，同样发现病人的反思功能存在不同程度的不足。以上结果表明，较低的反思功能是许多心理疾病的共同特征。

多数研究者认为心理治疗是改善病人反思功能的一个有效途径。反思功能的高低影响病人的治疗参与度，进而影响治疗过程与效果。研究表明，病人的反思功能可以预测治疗效果。如 Müller 等（2006）的研究发现，治疗前病人的反思功能与治疗后的整体精神状态（overall mental condition）为正相关。该结果也获得 Taubner 等（2011）研究的部分验证：即病人的反思功能可预测其治疗 8 个月后的整体精神状态改变。该研究还发现较高反思功能的病人更容易建立工作同盟。Gullestad 等（2013）的研究也发现较高反思功能的病人能更快从治疗中获益。

病人的反思功能水平也可看作心理治疗的效果变量。心理治疗可促进病人反思功能水平。研究者发现病人在接受一年的移情焦点治疗后，他们的反思功能获得显著提升（治疗前 M=2.86；治疗后 M=4.11）（Levy et al.，2006）。恐惧症患者接受心理动力学取向治疗后，病人在恐惧条件下的反思功能明显改善（Rudden et al.，2006）。但在简短心智治疗（包括简短心理动力学治疗、认知行为治疗与人际关系治疗）条件下，病人的反思功能未发现改善（Karlsson & Kermott，2006）。这表明，反思功能的提升并非存在于所有治疗形式，而可能存在于一定时长的、心理动力学取向的心理治疗之中（Jones，2000；Fonagy，1999）。

治疗师的良好反思功能有利于病人反思功能的提升。治疗师用言语去表述病人的内部状态，并将这些难以管理的、容易引起焦虑的内部体验转化为简单的、更易管理的语言形式，并能相对容易地表达出来。这将有助于病人发展出一个“as if”态度，即认识到想法即为想法而非客观现实（Fonagy & Target，1998）。由此，病人将发展出表象－实体的区分能力（appearance–reality distinction）（Flavell，1979）或符号化的能力（Segal，1957）。这样来看，治疗过程实质上是在治疗师的帮助下，病人重新发展了他们的反思功能。

从反思功能水平的观点来看，治疗师的专业能力之一是具有较高的反思功能水平。若治疗师缺乏对当事人内部体验的理解与反思，他们就无法促进当事人对自我及他人的依恋经验表征的有效探索。Ensink 等（2013）的研究提出，新手治疗师可通过短期训练而形成对困难病人的反思功能水平。从依恋理论来看，显然，这一过程对安全型的新手治疗师而言更熟悉、更容易（见 2、3 节成人依恋访谈十大用处的第 8、9 条）。

2.4.2 会话分析的动态成熟模型（DMM–AAI）

作为 Mary Ainsworth 的学生，Patricia M.Crittenden 发现 M&G–AAI 存在明显不足。M&G–AAI 虽然能区分正常群体和临床群体，但是二者之间仍然有大量重叠，一些极端的不安全依恋的类型（例如，精神病住院病人、暴力罪犯等），按照 M&G–AAI 方法甚至会分到安全型里。元分析表明，母亲 M&G–AAI 和婴幼儿依恋类型的相关约为 22%，这个在中产家庭被试那里较为稳定，但对处于不利条件下的家庭，则变化较大（Bakermans-Kranenburg & van Ijzendoorn，2009；van Ijzendoorn，1995）。并且，对处于风险的群体，M&G-AAI 的 ABC+D 模式不能做进一步区分。此外，M&G 方法自 1996 年后就未有更新，临床群体往往会被归为未分类型，但对这一类型没有进一步研究。

Crittenden 提出 M&G-AAI 至少有六点不足：第一，受训者很难在 M&G 的依恋类型上取得一致，即评分者一致性信度低；第二，M&G 需要花费大量的时间，研究者和专业人员如果未接受 M&G-AAI 训练，就根本无从知晓 M&G-AAI 测量对象到底是什么；第三，M&G-AAI 所依据的是 20 世纪 70 年代的认知科学，而 Bowlby 在 20 世纪 80 年代完成的内容没有被 M&G-AAI 分类系统吸收；第四，M&G-AAI 分类系统基于 Ainsworth 的工作，而 Ainsworth 的依恋类型的分类测量的是母婴互动，所以 M&G-AAI 分类系统不能充分反映成人依恋的行为的复杂性；第五，Ainsworth 的工作基于美国中产、低风险家庭的母婴关系，不能充分反映不同文化和处于不同风险群体依恋模型的多样性；第六，紊乱型缺乏支持性证据并且概念的自洽性也不足（Rutter，Kreppner，& Sonuga-Barke，2009）。

Crittenden 的 DMM-AAI 做了以下几点重要改进。第一，重视心理过程的功能，从而提高了受训编码者的内部一致性。第二，认为“危险”或“危险信号”很常见，重视它们在形成心理组织中的作用，因此 DMM-AAI 会评估个体所处环境及个体的适应过程。第三，基于认知神经科学的理论和研究，DMM-AAI 对 M&G-AAI 所测量概念的理解有重要不同，对原有概念和依恋模型的分类系统都有大幅度地拓展，尤其对紊乱型和未分类型，详细描述了他们使用信息的方式（策略）（见图 2-3）. 第四，自我和后代保护策略从婴幼儿期拓展至学前期、学龄期和青少年期，直至成年期。第五，基于认知神经科学的进展，DMM-AAI 对 M&G-AAI 的访谈问题也有修改，探索了依恋经验中的表象记忆、来自父母的和朝向父母的愤怒、危险经验和可能的受虐待经验、青少年和成人期的依恋性以及受访者以父母为模型养育自己的孩子等内容。访谈问题由表及里，分别探访了受访者的家庭背景、与依恋对象的关系和与依恋对象的早期记忆、儿童期常见的不安全事件、潜在（可能的）危险经历、丧失等主题。第六，删除了紊乱型和未分类型。

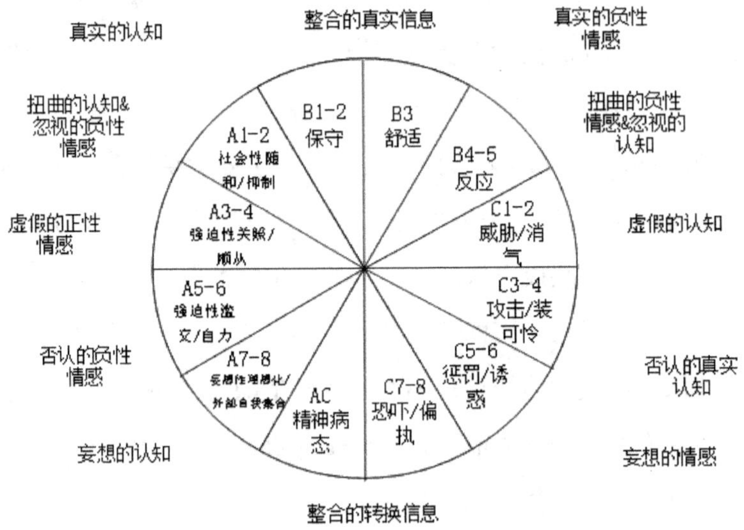

图 2-3　成人依恋访谈的动态成熟模型（DMM-AAI）

在 Crittenden 看来，记忆系统以不同子系统组织和处理经验，尤其危险经验。发展指个体可以学习如何处理和应对不同的危险信息。其中，认知系统包括程序性记忆和语义记忆，情感系统包括表象记忆和隐形语言（connotative language），而整合认知和情感的系统包括情节记忆和反思性整合功能（工作记忆）。认知系统信息加工具有时序特点，而情感系统能反映刺激的强度特点。以上子系统一同组成了多维度的表征系统。修改后的成人依恋访谈的问题分别对以上不同的记忆系统进行了探寻，针对性更加明确。

对危险信息处理方式不同，导致了三种不同的自我保护依恋策略：第一种是认知性 A 类（对应回避型或忽视型）以回避危险；第二种是情感性 C 类（对应矛盾 - 焦虑型）以与危险斗争；第三种是平衡或整合的 B 类以处理或者解决危险。根据 A 类和 C 类自我保护策略远离“真实”认知和“真实”情感的程度，DMM-AAI 在 ABC 三类依恋模式基础上，将 B 类细分为三类，A 类和 C 类各细分为四类，并增加 AC 类。图 2-4 是一个全模型。根据婴幼儿期到成年期不同的心理病理的发展特点，又可分别表示为婴儿期模型、学前期模型、学龄期模型、少年期模型直至成年期的全模型。正是在这个意义上，Crittenden 将其称为动态成熟模型。

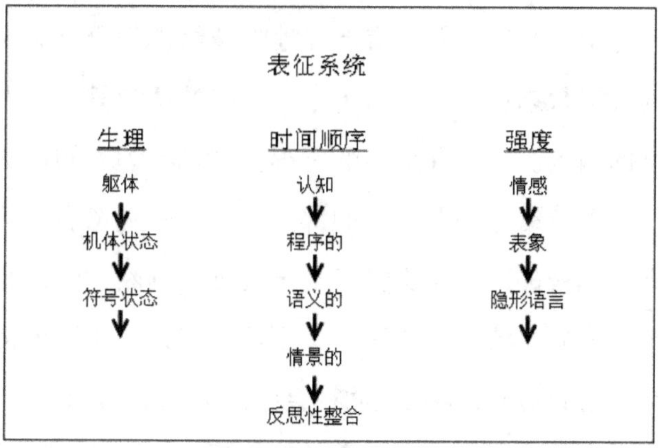

图 2-4　动态成熟模型

第3章　人际认知—情绪单元

临床心理学家早就极其重视情绪在心理病理发展中的作用。但在基础心理学领域并非如此。分析其原因有以下几点：首先，于20世纪五六十年代兴起的行为主义心理学并没有严肃地将情绪作为研究对象，因为情绪是一种内部的心理状态；随后七八十年代兴起的认知科学把人的心理活动过程看作信息的输入、加工和输出的过程，其隐喻为人的认知过程类似于“智能机器”，而情绪作为非理性的部分，自然受到忽视。其次，哲学家往往把情绪看作理智的对立面，情绪会干扰理智判断，因此有必要克制情绪。这种观点一度非常流行，连达尔文也认为成人的哭泣等情绪表达可能在远古时期是有用的功能，但在文明社会中是无用的，如同“智齿”“阑尾”一样。再者，对情绪本身也缺乏有效的研究手段，因此，许多对情绪的研究在20世纪六七十年代才逐渐开始，而20世纪90年代后，随着新技术的应用，人们才能够对情绪有更为深入的研究。

最近几十年，人格理论的一个重要进展就是提出了认知—情绪人格系统，其基本组成成分是认知—情绪单元（Mischel & Shoda，1995）。现在，人们认识到，在认知领域把情绪砍去并不能很好地理解认知，对情绪的重视以及对情绪的有效研究手段使研究者认识到，认知和情绪的关系，或者说认知与情绪之间可能的相互影响。人类的认知系统和情绪系统是相互协同工作的两套系统（参见第二章第四节 DMM-AAI 部分）。如果两套系统不能协同工作，则会产生病理性行为。

3.1　临床心理学的相关描述

3.1.1　精神分析及其后继者

精神分析理论一直重视情绪在心理病理性发展中的作用。精神分析并没有概括地使用情绪这个词，而是讨论了什么情绪产生了什么具体的影响。例如，弗洛伊德（1913/2003）在《精神分析引论》中曾就“焦虑”和“恐惧”做了专门的讨论。就“焦虑”而言，弗洛伊德认为焦虑是自我对力比多的一种逃避，产生于力比多本身。神经症焦虑有三条来源。期待性焦虑与“性生活中的某些事件或者说是力比多应用的某些方式有关……一旦中止这种不恰当的性生活方式，焦虑性神经症便会随之消失”；癔症性焦虑通过文饰作用把焦虑情绪与现实性焦虑的对象联系在一起，而被压抑的是“……焦虑、羞愧、尴尬，也可以是积极的性兴奋，或是一种充满敌意的反抗情绪，如愤怒或者生气。因此，如果那些与焦虑有关的观念（注：这是认知成分）受到压抑，焦虑就会成为一种可以用来交换任何情感冲动的通用货币”；还有一种焦虑与强迫性行为有关，强迫性行为的目的在于消除焦虑，因此，“原本要产生的焦虑就为症状的形式所代替”。神经症的分析治疗主要手段是移情分析。移情分析过程的本质是让病人的认知能和情感有机地结合在一起，并能摆脱被压抑的本能冲动的控制，“患者所有的症状都抛弃了其原初的意义（注：这是认知成分），而获得了某种包含在症状对意义的关系之中的新意义（注：这是认知成分）……一旦我们控制了这种新的、人为的神经症（注：指移情性神经症），就等于治愈了原有的疾病，就等于完成了治疗工作。”

后来关系取向的人格理论家索性把认知和情感放在一起讨论，并认为人际关系中认知因素和情感因素密不可分。例如，精神动力诊断手册（PDM Task Force，2006：17）将人格定义为“相对稳定的思考方式、感受方式、行为方式以及与他人联结的方式……每个人都拥有一系列的假设，借由这些假设我们试图理解我们的经验；每个人都拥有一系列的价值和特征性的行为方式，用以追求我们认为有价值的目标；每个人都有熟知的情绪清单，处理这些情绪的典型方式以及行为的特征模式，特别是在人际关系中更是如此”。人格的人际理论认为过往人际经验中形成的“模板”包括特定的情感、躯体反应、思维和期望。病人的强烈反应（即症状）是在一定条件下模板被激活的状态（Horowitz，2004）。依恋理论的核心概念是“内部工作模型”（Bowlby，1971，1982）。内部工作模型是婴儿和养育者之间互动的产物，是一系列有关自己在需要的时候别人会提供帮助的信念和期望以及自己是否是值得帮助和照顾的信念和期望。从内容上讲，内部工作模型是包含依恋对象的表征结构，该表征结构既包含与依恋对象互动的细节，也包含与这些互动相关的情感体验（Bretherton，1985）。从过程上讲，内部工作模型影响个体对人际互动信息的注意和解释，并且常在不被注意的情形下自动完成（Bretherton，1985，1990；Main，Kaplan，& Cassidy，1985）。再比如，Waters 等人（2002：234）评论说：“Bowlby 认识到在安全基地关系中情绪发挥着重要的组织作用，并且，他强调认知活动对依恋有关的情感状态的调节作用。”

客体关系理论所讲的客体往往指对重要他人以及与重要他人关系的表征，Blatt（1990，1997）称之为心智表征或认知－情感图式，并认为“认知－情感图式在意识和无意识两个水平上包含认知的、情感的和体验的成分，这些成分来自早期重要人际关系中的人际经验。认知－情感图式同样反映了个体发展的水平以及精神生活的重要方面，例如冲动、情感、动机和想象等，认知－情感图式会成为个体思考和感受自己和他人的原型或模板”。

从以上所描述的理论观点来看，我们可以得到这样的认识：人类婴儿自出生起，就已经装备了祖先在进化适应过程中获得的情绪功能和认知功能。这些原始的、初步的情绪功能和认知功能，在早期的养育环境中成熟并与相关学习经验交互作用从而形成认知—情绪单元。认知—情绪单元是情绪－认知－行为相对自动化的连接回路，该连接回路可由特定的内、外线索激活。回路中任何一个结点，如存储于长时记忆系统的语义、声音、图像，中心神经系统和外周神经系统特定的生理反应，都可以通过某种方式激活回路中的其他结点。若外在线索是各种不同的社会情境，则机体形成“如果－那么”认知－情感单元以表征不同社会情境的特定反应，并导致行为的情境变异性（Mischel & Shoda，1995）。病理性的回路包括情绪的过度抑制和情绪的过度激活两种，与此同时发展出相应的认知风格、人际互动模式、情绪调节方式、自我调节方式等也可看作回路中的结点（Mikulincer & Shaver，2007）。本书认为，情绪－认知－行为相对自动化的连接回路符合神经网络模型特点，但结点的具体含义和结点之间的相互作用，激活条件、激活过程（“如果－那么”关系表征）以及激活后的效应等则要根据具体的认知—情绪单元具体说明（其实，临床心理学家已经从临床现象角度做出了相近的说明）。

3.1.2　罗杰斯的机体评价

机体评价是罗杰斯提出的一个概念，表示不依赖于理智的机体感受。罗杰斯（1951）说：“我认识到对某一情境，我整个机体的感受比我的理智更值得信赖。”在罗杰斯的理论体系中，机体评价表示机体的智慧，这是一种真实、自发的反应，没有任何扭曲。在罗杰斯看来，早期养育环境中的有条件关注导致了“僵化教条”，而“僵化教条”往往以理智的面貌出现，是对机体评价真实反映的歪曲。机体评价功能受损后必然导致机体功能的损害。一个充分发展的人，其成长过程全赖于机体评价发挥其恰当的功能。现在，我们有可能从认知—情绪单元的角度对机体评价功能相关问题做出新的解释。

第一，理智与感受的关系问题。机体评价功能强调未经扭曲的“感受”，强调此时此地，是否意味着忽视认知功能的调节作用，或者说是否意味着“跟着感觉走”呢？不是。这里需要讨论过去经验、当下的机体评价及其对行为的指引功能，以及行为的后续结果。按照 Greenberg（2002）的说法，“跟着感觉走”是指 living for the presence，即为当下而活，这表示机体活动遵循“快乐原则”，寻求积极奖赏，而积极奖赏或对积极奖赏的认知如反应期望（Kirsch，1985，1997），或观察学习过程所获得的“替代强化”（Bandura，1986）会让机体评价行为的后果——机体的积极情绪状态。机体评价不仅仅意味着“跟着感觉走”，因为在许多情境下，机体评价对行为或刺激的评估并不直接带来机体的积极情绪状态（例如拔牙）。机体评价还表示认知因素的参与以及对机体“消极情绪状态”忍受后结果的积极评价，也就是机体评价还会顾及未来，这就需要认知因素的参与并发挥调节作用。因此，认知与情绪因素往往协同发挥功能，即认知—情绪单元发挥机体评价功能。认知—情绪单元恰当地发挥机体评价功能意味着机体对情绪的准确觉察。

第二，过往经验如何影响现在的机体评价功能。人格理论家对此做出了不同的理论说明。例如，罗杰斯说僵化教条对机体评价的扭曲是说当下的机体评价受到过往经验的影响，过往消极经验指“有条件关注”。行为主义以及后来的社会认知理论强调过往学习经验所形成的“刺激－反应”

链或“刺激 – 认知 – 反应”链对当下知觉的影响。弗洛伊德的精神分析理论用无意识“情结”，而客体关系理论用“认知—情绪图式”说明过往经验对当下行为的影响。过往经验形成的心理结构是认知—情绪单元。正常发展的机体，其认知—情绪单元，也就是情绪 – 认知 – 行为相对自动化的连接回路，相应发展的认知风格、人际互动模式、情绪调节方式、自我调节方式等未受扭曲，因此，在社会情境、人际互动、个人决策等方面能较为真实地知觉现实，而机体评价的智慧能协助个体拥有适合环境的恰当感受、思考和行动。从社会认知的角度说，这个过程最终的落脚点是机体的情绪状态，或者是个体对机体情绪状态的期望。关于这一点，在人格理论与认知—情绪单元部分已经说明，这里不再重述。

第三，机体评价功能在发展中的作用。在认知功能尚未充分发育的阶段，机体的“智慧”已经开始发挥重要的作用。例如，Bowlby 的依恋理论认为依恋行为不能由“力比多”能量表示，也不能由行为主义式的强化物充分解释，而需由依恋系统解释。婴儿的依恋系统在发挥功能的时候，主要不是理智或意识的参与，而是由情绪的积极 – 消极评估过程自动完成的。从进化心理学的角度来理解，依附于养育对象所获得的“安全感”、远离养育对象而引发的“分离焦虑”等对个体的存活具有重要价值。“安全感”和“分离焦虑”所描述的实际上是机体可以感受到的一种身体状态。在依恋理论的框架下，研究者已经开展了大量研究以探明婴儿认知—情绪单元的机体评价过程，这里以婴儿如何“寻求亲近”的观察为例做以说明。Sroufe（1985）认为婴儿感到不舒服时，会通过某些信号如哭等方式让父母抱他们，或者再次见到父母时对父母微笑等方式以“寻求亲近”并“感到安全”。也就是说，“寻求亲近”并不仅表现在空间距离上，还表现在许多情绪反应方式上。这个过程可以说是与生俱来的自动化反应，由特定的机体状态（如分离焦虑）引发，也由特定的机体状态终止（如安全感）。

但是，婴儿还不能对他们的情绪命名，语言能力的获得使得机体能命名这些来自机体的反应并发展情绪调节的能力，从而获得更为复杂的认知—情绪单元，并在更高水平上整合，以顺应发展的要求和环境的要求。比如，儿童哭泣时，他们通过与父母的对话获得对自我情绪的认知，也通过这种方式逐渐理解他人的情绪，即共情能力（Cole，Armstrong & Pemberton，2010）。

依恋类型、情绪调节能力对随后的认知发展和社会性发展有重要影响。例如，一项研究向77名刚走路的儿童呈现新异刺激并测量他们的皮质醇水平。控制条件下，安全依恋儿童和不安全依恋儿童皮质醇水平都较低，而在新异刺激条件下，不安全依恋儿童皮质醇水平大幅度升高，而安全依恋儿童皮质醇水平略有升高。这个研究结果表明，安全依恋儿童能有效应对压力情境，而不安全依恋儿童不能有效应对，这些儿童表现出下丘脑-垂体-肾上腺皮质系统的过度反应，较高的皮质醇水平表明他们非常害怕（Nachnias et al.，1996）。追踪研究发现，儿童4岁时的依恋类型通过情绪能力预测儿童5岁时的社会能力（Strandberg-Sawyer et al.，2002），儿童5岁时的语言能力通过情绪知识预测儿童9岁时的学业成就（Izard et al.，2001）。从认知—情绪单元机体评价的角度分析，可以认为不安全依恋和受损的情绪调节能力，使得儿童的认知—情绪单元对环境的反应，包括作为身体反应的机体评价，不能恰当反映环境的需求，从而进一步影响了随后的认知发展和社会性发展。

第四，认知—情绪单元机体评价可能的生理机制。由于认知—情绪单元是情绪-认知-行为相对自动化的连接回路，回路中任何一个结点，如存储于长时记忆系统的语义、声音、图像，中心神经系统和外周神经系统特定的生理反应，都可以通过某种方式激活回路中的其他结点。在社会情境中，该过程同样适用。最近几项研究探讨了相关的脑机制。例如，温暖被认为是依恋形成中的一个重要参数，100 瓦的灯泡和柔软的衣服组成的“猴妈妈”所喂养的幼猴成年后较少出现社会行为问题（Harlow，1958）。在人类被试中，研究发现物理的温暖（如热咖啡）能够提高人际温暖的感受，增进人际信任（Williams & Bargh，2008）。其生理机制与脑岛叶（insula）有关，因为脑岛叶既是感受物理温暖的功能区，也是感受心理温暖的功能区（Williams & Bargh，2008）。该研究生动说明了脑岛叶激活后，认知—情绪单元的情绪 – 认知 – 行为连接回路的其他结点也被激活并产生相应的效应。

人类的高级心理活动往往与所处社会情境有关，与所处人际网络中的人际关系、社会地位等关系密切。例如，自豪和尴尬都是与自尊有关的情绪体验，高自尊和自豪是被他人接受、接纳的情绪体验，而低自尊和尴尬是被他人拒绝的情绪体验，并带来心理痛苦（psychological pain 或 social pain）。一项最新的 fMRI 研究让被试玩游戏并通过控制被试玩游戏成败操控“被拒绝”或“被接纳”，结果表明，特质低自尊能提高社会痛苦，该过程与前扣带回激活有关（Onoda et al.，2010）。再比如，个体对刺激的情绪反应被称为“情感风格”，积极的“情感风格”与积极心理和幸福感有关，研究表明，“情感风格”与左前额叶，杏仁核激活后有效的情绪调节以及对消极压力事件的快速恢复有关，而这种中枢神经系统的反应特点与较低水平的皮质醇和较高水平的流感抗体浓度有关（Davidson，2004）。以认知—情绪单元的机体评价功能分析，这些生理水平的生化过程和脑机制是人的高级心理需求如自尊、幸福感的生理基础，是生理水平的认知—情绪单元。机体虽然不能觉察生理水平的变化与状态，正常的机体评价功能却能在一定程度上“感受”整个身体的状态并追求积极状态而避免消极状态。

一些高级心理活动如自我实现（Maslow，1954）、沉浸体验（flow）（Csíkszentmihályi，1996）等，到目前为止，仍停留于现象学层面的描述，但显然这些描述同样是机体所感受到的状态。本书认为，这些积极状态会成为一种动机，机体正是通过认知—情绪单元的机体评价过程获得对这些状态的积极 - 消极评价，评价的结果是机体继续某些行为以期望获得或者维持机体的积极状态，期望回避或者消除机体的消极状态。这个过程就是人本心理学家所描述的“成长”。

3.2 情绪的作用

3.2.1 行为主义理论

行为主义理论已蕴涵认知—情绪单元的思想。以行为主义的操作条件原理为例，强化物如食物、电击等都影响机体的状态。操作性条件练习最终将机体的动作和强化物的出现（或消失）联系在一起，即形成了 S–R 联结。食物、电击等强化物最终影响了机体的状态，而这种状态往往和生理的变化有关。例如，获得食物从而消除饥饿感，逃避电击从而消除痛苦感。机体的这些生理变化与机体情绪状态密切相关，而机体习得的行为与机体对对象物的积极 - 消极评价有关。

作为行为主义理论的发展，社会认知理论在 S–R 的联结中，增加了认知成分的作用。以 Bandura 的经典实验为例，儿童观察学习的替代强化物是影片中人物攻击行为之后的不同结果（奖励或者惩罚）。Bandura 以结果期望来表示关于一种行为后果的信念。这是一种认知主义式的解释。实际上，如果结果期望没有伴随着机体对行为结果的积极 - 消极评价，替代强化物很难建立观察和行为之间的联结。当然，机体对行为结果的积极 - 消极评价会很快完成，并不必然发生于意识层面（Custers & Aarts，

2010）。

在行为主义理论和社会认知理论中，认知和情绪的积极 - 消极评价功能只有同时发生作用，才有可能形成S–R或者S–O–R的联结。情绪的积极 - 消极评价功能既可通过直接的强化物来完成，如电击，也可通过间接的强化物完成，如结果期望。机体若能预判行为或环境对机体可能的积极 - 消极价值，那么，显然对机体的生存适应具有重要的价值。对人类而言，认知因素预判行为或环境对机体可能的积极 - 消极价值要复杂得多，但其最终的落脚点仍然在于机体的情绪状态，例如，获得和维持积极的情绪状态，避免或消除消极的情绪状态等。综合以上分析，可以发现，行为主义理论和社会认知理论虽未明确提出认知—情绪单元的概念，但前提是认知和情绪的协同工作，这样才能充分解释行为主义理论和社会认知理论的基本原理（详细见第六章第四节接纳承诺疗法部分）。

3.2.2　情绪的理论

概括而言，当前研究情绪的理论“范式”有四种，分别是结构主义范式、功能主义范式、系统论范式和社会文化范式（Holodynski & Friedlmeier, 2005：11–42）。结构主义范式将情绪看作机体对情绪相关原因反应的机体状态。每种情绪具有不同的客观和主观成分，而主观成分又可分为情绪表达和生理变化两种成分。情绪产生的过程可描述为，情绪相关原因经过天生的评价机制影响相关天生的情绪反应，该反应包括情绪表达和相应的生理变化两种成分，而情绪反应反馈给机体可体验到的感受并导致相应的行动。

系统论范式则从系统论角度，认为情绪是一个“自组织系统”，通过自组织的过程走向稳态或不稳态。例如，Mascolo 等（2000）这样描述情绪的社会加工理论："情绪是……社会建构的，在成分（注：情绪相关基本组成单位）的综合组织物与情境因素动态的交互作用中产生，并没有中央控制系统的作用。"社会文化范式则主要强调在人类文化的传承过程中，社会文化对情绪形成和发展的影响。

功能主义范式将情绪看成个体行为调节系统中的适应性功能，而不是把情绪看成独立的心理状态。机体在和环境的交互中具有完成不同目标的动机，为完成这些目标，行为调节系统中的感知觉、认知、记忆、情绪和动机会形成一个有机的功能体。其中，情绪主要发挥两种功能，一是评价功能，二是行为准备功能。

从功能主义的角度看，情绪并非发生于个体内部的事件，而与个体在人际互动情境中的努力和目标有关。情绪可以作为交流的信号，因此，在社会情境中，其本质是关系的（Campos et al.，1994；Plutchik，1997）。

Plutchik[①]（1997：30）总结情绪持功能主义的观点，认为主要有以下七点：

①情绪是基于进化适应的交流和生存机制；②情绪影响并调节人际关系；③情绪有其遗传基因基础；④情绪是从不同类别的证据中推演出的一个假设概念（注：如同人格一样）；⑤情绪是通过行为、神经反馈回路一系列事件的复杂链条，其功能在于保证社会互动的稳定性；⑥情绪之间的关系可用三维度结构模型表示，而三维模型的一个切面就是"圆盘图"（注：类似于人际圆盘）；⑦情绪与一系列概念紧密关联。

为说明情绪与不同领域概念的关系，Plutchik（1997）比较了描述情绪的词汇，描述人格特质的词汇，临床诊断的词汇以及自我防御机制的词汇（表 3-1）。以笔者的理解，该结果虽然是从语言比较研究中得到，但提

① Robert Plutchik（1927-2006），美国心理学家，提出了情绪的分类理论。

示情绪的评价功能和行为准备功能是人格的基础，也是临床诊断和自我防御机制的核心所在。情绪的功能主义范式强调行为调节系统中的感知觉、认知、记忆、情绪和动机会形成一个有机的功能体则明确表明在社会互动中认知和情绪密不可分的理论观点。

表 3–1　情绪词与引申词

情绪词	人格特质词	诊断词	自我防御词
害怕	胆小的	被动的	压抑
愤怒	好争吵的	反社会的	置换
快乐	友善、好交际的	狂躁的	反向形成
悲伤	沮丧的、阴沉的	抑郁的	补偿
接纳	信任的	表演的、戏剧的	否认
厌恶	敌意的	偏执的	投射
期待	好奇的	强迫 – 冲动的	合理化
惊讶	犹豫不决的	边缘的	退行

改编自 Plutchik（1997）：31

罗杰斯所说的机体评价功能，其本质是情绪的动机功能。对情绪的评价功能（动机功能）有必要多说几句。情绪作为身体内部对外部事件的评估过程涉及情绪与认知因素哪个更为基本的争论。一种观点认为，情绪产生于对目标的评估，对目标的认知，包括无意识水平的认知加工是情绪产生的前提条件（Lazarus，1991）。另外一种理论观点认为，情绪反应更为基本（Zajonc，1980；Zajonc，1984）。现在，人们认为 Lazarus 和 Zajonc 的理论观点都有事实依据，只不过所解释的情绪不同。还有一种理论解释是情绪的产生和调节具有不同的生理机制。LeDoux（1996）认为情绪有两种不同的产生途径：低层路径是“杏仁核”探测到危险信号并迅速把紧急的痛苦信号传递给脑；高层路径相对较慢，情绪通过丘脑传递给新皮层。Nigg 等人（2010）为了研究情绪和认知的交互作用提出了一个分析框架，该框架认为情绪与认知的关系有两种：一种是自上而下的关系，即需要认知资源，同时反映为 PFC（前额皮层）的激活，该过程表明认知因素对情绪的调节作用；而边缘系统、交感神经系统的激活不要认知资源，具有相对自发性，因此被看作是自下而上的关系，该过程表明情绪因素对认知的影响。

在研究证据上，较多研究表明情绪对认知的消极影响，例如抑郁症患者的认知功能损害等，而较少有研究表明情绪对认知的积极影响。Damasio①（1994）对智力能力没有损害，但感受情绪能力受到损害的脑损伤病人的研究表明，失去感受情绪能力的病人也失去了做出决定的能力。例如，Damasio 的某被试在暴风雪天气难以决定是否取消与医生的预约，Damasio 认为该事件生动地说明了情绪对认知过程的积极影响。再比如，决策研究中，杏仁核（amygdala）、眶额皮层（orbitofrontal cortex）、前扣带回（anterior cingulate cortex）等情绪脑功能区在不同决策任务中都发挥作用，而内侧额叶前皮层（medial prefrontal cortex）等脑区在情绪调节中发挥作用（Sanfey，2007）。这些证据都表明了情绪对认知的积极作用。

3.3 人际认知—情绪单元

从理论上说，由基因规定的情绪功能和认知功能的发生序列可能有先后之分。情绪反应更为基本（Zajonc，1980；Zajonc，1984）。换一种说法是，情绪反应的积极 - 消极评价性质更为基本。机体为适应环境，首先要保证在环境中存活。任何一种动物都装备有趋近 - 回避行为系统，而情绪反应的积极 - 消极评价性质决定趋近 - 逃避行为。若机体情绪反应为积极，则机体会趋近外部对象，其结果是获得食物、异性或者情感的安慰（依恋系统）。若机体情绪反应为消极，则机体会逃避外部对象，从而避免危险或者潜在

① Antonio Damasio，美国认知神经科学家。Damasio 在神经科学方面的研究表明，情绪在社会认知和决策中起着核心作用。

的威胁。从生物进化的角度说，认知功能可能是后来逐步发展起来的另外一种相对独立的机体功能，而认知功能需在情绪功能的基础上发展。人类所特有的语言功能是认知功能高度发展的形式，在人类社会文化背景下，语言符号和情绪功能协同发展，共同塑造人类的大脑（Deacon，1997）。

3.3.1　认知—情绪单元

心理学家研究认知和情绪的传统做法是将二者分别研究，对情绪的研究尤其不够充分。这可能是由于认知功能相对容易概念化、符号化，而情绪功能的概念化、符号化则不那么容易。现在，人们认识到，认知与情绪是相互独立但又相互影响的功能，甚至认为将二者分别研究的思路存在根本缺陷，认知和情绪可能本来就是一个整体（Damasio，1994；Sanfey，2007；Custers & Aarts，2010）。在此背景下，认知—情绪单元已经作为一个独立的概念被提出来了。

Mischel[①] 和 Shoda（1995）正是这样做的，他们提出了一个综合性的认知—情感人格系统理论（cognitive-affective personality system，CAPS），认知—情绪单元是主要概念之一。他们说："个体对重要社会信息的加工过程本质上是情绪的，因此，关于自我和将来的自我的信念本身就是热认知，是与情绪有关的。"研究情绪和应对风格的 Smith 和 Lazarus（1990）同样指出，任何表明重要后果的迹象，有害或有益，都会使机体产生情绪反应。类似的，人们的决策和行为并非仅仅是"计算"的结果，还与相应的情绪信息密不可分。例如，情绪产生后会伴随认知的解释（Beck，1976；Schachter &Singer，1962），而对情境的认知会产生情感评价反应（Murphy & Zajonc，1993；Niedenthal，1990）。这些观点提示在重要社会信息的加工过程中认知和情

① Walter Mischel（1930–2018），美国、奥地利心理学家。

绪密不可分。为更准确地表达认知和情绪密不可分的观点，Mischel 和 Shoda（1995）提出了认知—情绪系统和认知—情绪单元这两个名词。认知—情绪单元是以“如果 - 那么”（if-then）存贮的心理结构或者模板，它和认知图式具有类似的功能，例如，信息的选择、解释、预测等（Mischel & Shoda，1995；Baldwin，1997；Anderson & Chen，2002）。

Mischel 和 Shoda（1995）的主要出发点是解决人格的稳定性和行为在不同情境下的变异问题。概而言之，认知—情绪系统包括五种类型的认知—情绪单元，分别是编码（自我、他人、事件和情境的类别）、期望和信念（关于社会、特定情境中的行为结果以及自我效能感的信念和期望）、情绪（情感、情绪以及情绪反应，含生理反应）、目标和价值（渴望的结果和情绪状态，厌恶的结果和情绪状态，目标，价值和生活计划）、能力和自我调节计划（个体能做的行为，组织行为、影响机体行为和内部状态的计划和策略）。人格系统是认知—情绪单元及认知—情绪单元相互关系的动力系统。在某一社会情境或者内、外部刺激条件下，编码过程和认知—情绪单元作为中介变量产生复杂的相互作用，最终产生可观察的行为，而可观察的行为又会带来新的社会情境或者内、外部刺激，如此循环往复。Mischel 和 Shoda（1995）认为，刺激通过编码后，作为对刺激的反应，激活了相应起中介作用的认知—情绪单元，从而产生特定的认知、情感和行为。Mischel，Shoda，Ayduk（2008）进一步将不同的人格理论分为不同的水平统一在认知 - 情感单元的理论框架下，这些水平分别是：特质水平、生理水平、动力 - 动机水平、行为 - 条件水平、现象 - 人本水平和社会认知水平。

Mischel 和 Shoda（1995：253）这样描述认知—情绪单元的性质：“认知—情绪的各种表征，无论是独特的，还是有所重合，都不是相互独立的单元，不能作为孤立的反应来看。这些认知表征和情感状态处于动态的相互影响之中，这些认知表征和情感状态相互的组织关系才是人格结构的核心。”

3.3.2　人际认知—情绪单元

重要人际关系的认知—情绪单元即人际认知—情绪单元。在人类的早期发展中，基因规定的生理神经反应倾向使得婴儿初步具备与母亲（养育者）和环境的互动能力，以及对互动结果的评价能力，这种评价能力主要以情绪反应或机体评价的方式表现。婴儿早期认知能力的局限，使得他们只能用先天的情绪方式去处理环境中的重要信息。先天的反应方式使婴儿能不依赖理智对环境做出正确的反应。对应地，母亲有相应的情绪反应，也不受理性控制(Bowlby,1988)。情绪反应是一种评估机制，它不是理性的，而是非理性的，由先天决定的，一些自动化的反应。

在形成依附对象之前，婴儿首先需要发展“客体表象”恒定的能力以及“自体表象”恒定的能力；其次是发展“客体表象”和“自体表象”的区别能力（Blatt et al.，1988）。“客体表象”与“自体表象”得以区分之后，婴儿才可能依附一个对象。发展心理学家用类似的方式描述了婴儿早期的发展。出生伊始，婴儿已表现出参与社会互动的兴趣（Stern，1985），因此，“并没有自恋阶段”，接着，“通过妈妈的气味、妈妈的声音以及妈妈抱他的方式，婴儿能逐步区别妈妈和其他人的不同……依恋系统的目标在于保持与已经区分出的妈妈形象的亲近性，要求婴儿认知能力的发展，即当妈妈不在时可以回想起妈妈的能力（6 ~ 12 个月）……与之相应的，婴儿在与妈妈的互动中发展出关于他自己的工作模型。（Bowlby，1988：137–138）”

按照 Bowlby 的依恋理论，依恋是保障个体生存的动机系统，其重要特征是伴随强烈的情绪色彩。从积极面来看，由依恋对象提供的温暖、稳定的环境，使得婴儿获得满足，这种满足作为一种“机体评价”，有助于婴儿发展出积极的、安全的依恋对象表征。从消极面来看，依恋对象的丧失则会带来强烈的情绪反应，按严重程度依次为焦虑、愤怒和悲伤。对严重精神疾病而言，则意味着情绪评价能力的丧失。按照客体关系理论，整合这些消极情绪并获得情绪调节能力是健康人格发展的必经途径（Kernberg，1976，1980）。

安全依恋者具备如下特点：关于自己的信念是积极的，认为自己是“好的”、关于他人的信念是积极的，认为别人也是“好的”，同时认为世界也是安全的。这种表征使得婴儿敢于探索周围的世界，从而获得更多关于环境的知识，有利于生存及提高生存质量。

安全依恋的婴儿在探索环境中不免受到挫折，这时他们会回到安全基地（Ainsworth，1978）寻求安慰，从而获得补给，补给完毕后再去探索周围的世界。在安全基地中，婴儿的信念和期望是，在安全基地那里能够获得积极的情绪状态，这种情绪状态以机体评价的过程修复了“我可以”等信念。

借由身体反应（生理的、情绪的）而获得的感受是人际认知—情绪单元发展的基本保证。身体反应既可通过生理需求的满足如喂食等而获得，也可通过表扬、鼓励、温暖等情感需求的满足而获得。在人际情境中，这些感受，无论是言语的机体评价，还是言语的观点、态度以及信念，最终一起构成心理结构——人际认知—情绪单元。人际认知—情绪单元一旦形成，则会稳定地存在于各种亲密关系当中。

人际认知—情绪单元可以用符号网络模型或联结主义模型表征（Mischel & Shoda，1995；Anderson，et.al.，1995；Baldwin，1997；Goldman & Kirsch，1999；Rather & Goldman，1994；Del Boca et.al.，

2002）。认知—情绪单元由一系列"如果 – 那么"具体互动而来，互动的结果伴随着情绪记忆。这些"如果 – 那么"相对稳定，以图式的方式发挥作用，如信息选择、解释、预测等。虽然一系列"如果 – 那么"的具体互动内容千差万别，但伴随的情绪记忆在语义表征上却相对简单，如"安全""担心"等。这些重要人际关系情境中情绪记忆的语义表征是对大量"如果 – 那么"具体互动结果的一种抽象，是重要人际关系认知—情绪单元的语义表征。

文献中与人际认知—情绪单元类似的概念除内部工作模型、客体关系之外，还有人际图式（Hill & Safran，1994）、关系图式（Baldwin，1997）、关系自我（Anderson & Chen，2002）等几种（见表 3–2）。这些概念的理论要点总结而言有以下几点。

表 3–2　人际认知—情绪单元与相关概念的共同点

理论	理论要点
依恋理论	（1）依恋理论认为婴儿天生具有依恋行为系统，其主要功能是提高婴儿和养育者之间的亲近程度。依恋行为系统是一种生理性动机系统，与饥饿动机和性动机不同。依恋系统可以由外在线索激活，例如危险信号，也可由内在线索激活，例如害怕。 （2）依恋可分为不同的类型，其基本维度分别是依恋焦虑和依恋回避。婴儿的依恋类型会延续到成人期，在亲密关系中容易表现出不同的依恋类型。 （3）内部工作模型是婴儿和养育者之间的互动的产物，是一系列有关自己在需要的时候别人会提供帮助的信念和期望以及自己是否是值得帮助和照顾的信念和期望。
人际图式	（1）人际图式包括自我 – 他人互动的一般表征，其本质是关系的，不能将自我和他人割裂来看待。 （2）自我 – 他人图式包含情绪成分。 （3）认知—情绪图式在环境中不断地更新改变以适应环境的变化。 （4）僵化的人际图式导致不适应的人际行为，而不适应的人际行为反过来又强化了这些僵化的人际图式。
关系图式	（1）关系图式是表示人际联结方式的认知结构，这种认知结构以一系列的 if–then 期望组成。 （2）关系图式与其他的知识图式一样，影响注意过程，而 if–then 期望在某些环境线索下容易被激活，因此关系图式存在启动效应。

续表

理论	理论要点
关系自我	（1）不同的关系自我是重要他人深远影响的产物。 （2）不同的关系自我在不同的移情情境中出现，关系自我在记忆中广泛存在并以一定形式组织。 （3）关系自我既具有独特的成分也具有社会共有的成分。 （4）关系自我说明了人格互动主义模型（人 × 情境）的基础。 （5）关系自我是以 if–then 形式存在的认知—情绪单元。
认知情感图式	（1）治疗过程和人格发展过程机制是一致的，治疗改变的机制主要是病人心智表征的改变。 （2）病人内化的更加适应的、成熟的人际图式又会促进病人获得一致的身份认同并进一步协助病人获得建立互惠人际关系的能力。

（1）人类天生有建立关系的需要，这种需要被表述为依恋、归属需要等。

（2）人格发展的基础之一是对他人的认识，对自我的认识建立在对他人认识的基础之上，二者不可割裂（Blatt et al.，1988；Aron，Aron & Smollan，1992；Anderson & Chen，2002；Decety & Sommerville，2003；Chirstina，Steven & Allen，2009）。

（3）人际认知—情绪单元是与重要他人互动的产物，在与重要他人的关系中形成，也在与重要他人的关系中改变（Bowlby，1988；Blatt & Auerbach，1997；Baldwin，1997；Anderson & Chen，2002；Anderson & Thorpe，2009）。

（4）不同重要人际关系中的人际认知—情绪单元可能具有不同的内容（Baldwin，1992；Baldwin，1997；Anderson & Chen，2002）。

（5）人际认知—情绪单元在一定条件下被激活并发挥作用，例如陌生情境（Ainsworth，1978）、移情情境（Anderson，1995）等。

（6）人际认知—情绪单元是记忆系统中有关自我、他人的认知—情绪的“如果 – 那么”（if–then）单元。这些单元与其他类型知识的存贮形式相同，可以用符号网络模型或联结主义模型表征（Mischel & Shoda，

1995；Anderson，1995；Baldwin，1997）。

（7）不良的人际认知—情绪单元决定着人际互动模式，而人际互动模式决定的人际关系质量与个体对社会环境的适应，与不良情绪反应和心理疾病的发生有着直接的关系（Sullivan，1953；Benjiamin，1994；Gross et al.，2007）。

（8）良好的治疗关系和治疗关系中当事人 - 治疗师的互动修补了当事人不适应的、病理性的人际认知—情绪单元，人际认知—情绪单元的改变导致人际互动模式的改变，进一步地，由人际互动模式决定的人际关系质量和个体对社会环境的适应性将得到改善（Safran & Muran，1996；Safran & Muran，2000；Benjiamin，2004；Scarvalone，Fox & Safran，2005；Gross et al.，2007）。

从内容上讲，除强调认知—情绪单元的机体评价机制外，人际认知—情绪单元与这几种概念在内容上无本质不同。或者说，这些概念可为认知—情感人格理论所涵盖。重要人际关系中的认知—情绪单元包含情绪成分，其中的情绪信息具有纯粹认知结构所没有的作用，这就是认知—情绪单元的动机功能。此外，人际认知—情绪单元概念来自认知—情感人格系统理论和 Blatt 的表征理论，在特质水平、生理水平、动力 - 动机水平、行为 - 条件水平、现象 - 人本水平和社会认知水平具有一定的拓展性，也能够较为方便地应用于临床情境。

3.4　心理治疗中的人际认知—情绪单元

3.4.1　心理病理学

现在，我们从认知—情绪单元动机功能的角度对 Mikulincer 和 Shaver

（2007）描述的心理病理学做适当的拓展。我们假设，心理病理性的发展过程可描述为：认知—情绪单元评价结果发现重要人际关系中的消极意义，但机体的趋近－回避系统却无法发挥作用，只能停留在消极的人际情境中。例如，对虐待子女的父母而言，机体的认知—情绪单元必然发现亲子关系中的消极价值，但是由于依恋系统的作用，儿童不会离开父母，只能停留在虐待－被虐待的关系中。儿童的正常发展需要父母充分的关怀和照料，包括情感上的关怀和照料。对情感忽视的父母而言，机体的认知—情绪单元同样发现亲子关系中的消极价值，例如，父母无法及时回应个体的情感需求。为解决此冲突（也就是精神分析理论所说的焦虑），机体启动一系列的防御过程，以屏蔽（或压抑）认知—情绪单元的评价过程所发现的消极信号。这种屏蔽过程对无力、幼小的人类个体来说有着重要的生存适应价值。例如，认为父母很好，很关心自己，而实际上父母很少有情感上的关心等。在这种情形下，机体的情绪觉察和调节能力受损，机体的认知—情绪单元无法恰当反映环境中信息的积极－消极价值，由此损害了个体内部资源，并进一步导致心理疾病的发生。

几乎所有精神分析传统的理论家都描述了这种冲突过程，并且认为这种冲突过程是神经症的核心机理。例如，弗洛伊德描述的俄狄浦斯情结指男孩对母亲的占有欲望与权威父亲发生的冲突；阿德勒描述的自卑情结来自人类幼年时期普遍的不足、虚弱和无助感与社会对个体的要求发生冲突；霍妮描述的基本焦虑指儿童一方面因父母不当的教养方式而受挫，另外一方面又不得不压抑其对父母的基本敌意；客体关系理论家认为正常的发展过程需要整合“好的客体”和“坏的客体”；等等。

本书认为这些理论家所描述的情形，本质是个体重要他人认知—情绪单元表征的冲突。这些消极情感由认知—情绪单元评价过程自动完成，具体表现在重要他人认知—情绪单元积极 – 消极评价表征冲突上，也就是说，积极 – 消极评价同时出现在对同一个重要他人表征中。在早期亲子互动中，儿童对自我的认识来源于父母对待他们的方式，例如，母亲对儿童的需求是否敏锐，是否做出积极回应等，而被忽视或被苛责的儿童会对父母产生矛盾的情感，相应心理结构的主要特点是重要他人认知—情绪单元积极 – 消极评价冲突。

重要他人认知 – 情感单元的积极 – 消极评价冲突可能是不安全依恋者内部工作模型的主要特点之一。初步的研究证据表明，依恋焦虑者在重要他人表征启动的条件下，接近和回避的趋势同时增加，反映了依恋焦虑者对重要他人反应倾向矛盾的特点，而依恋回避者对情感采用过度压抑的策略，但他们深层的愿望仍然是与人接近，从而以另一种方式表现出矛盾的特点（Mikulincer et al.，2010）。另外一项研究发现无论是喜欢的重要他人还是不喜欢的重要他人，这些重要他人表征的启动同时加快了积极词汇和消极词汇的加工速度，研究者称之为双效价启动（bivalent priming）（Zayas & Shoda，2011）。该研究结果有两点启示：首先，人类对重要他人评价“矛盾”的特点，不一定局限于不安全依恋者；其次，自动评价过程理论一直假设评价要么是积极的，要么是消极的，该研究结果提示对重要他人单维度的自动评价模型可能存在　问题。

重要他人认知 – 情感单元的积极 – 消极评价冲突，意味着对重要他人的积极评价和消极评价同时具有一定的“强度”，即某一重要他人 – 积极评价和某一重要他人 – 消极评价联结同时是较强的联结，这样才能出现“矛盾”的特点，才能充分解释“双效价启动”效应。Harreveld 等人（2009）用相同的观点解释矛盾态度，不过他们研究的焦点是并非人际情境中的态度。态度的矛盾，即积极 – 消极评价冲突，会使个体在决策时难以选择，从而带来决策冲突、不确定感和心理的不适（Harreveld et al.，2009；Harreveld，Joop van der Pligt，& de Liver，2009）。

假设对重要他人认知—情绪单元表征的冲突是心理病理性发展的主要特征（虽然与精神分析传统的看法一致），但对重要他人认知—情绪单元表征冲突的研究还刚刚开始。文献检索发现，Zayas 和 Shoda（2011）是重要人际关系情境中首次提出双效价启动效应的实验研究。因此，在目前的研究水平上，尚难从重要他人认知—情绪单元表征的冲突角度准确描述不同类型心理疾患者重要他人认知—情绪单元表征冲突的特点。

不过，我们可以结合心理病理学的文献大体描述。Blatt（2008）将精神疾患按严重程度分为精神病性（幻想）、边缘性（分裂）以及神经症三种，其划分依据是客体表征发展的阶段理论。综合 Kernberg（1976，1980）和 Blatt（2008）的观点，本书提出以下设想：神经症患者对重要他人的表征已经将“好的”和“坏的”客体整合为一个完整的、具有思想情感的对象，因此，认知—情绪单元表征的冲突发生于完整对象内部；边缘性患者对重要他人的表征还没有将“好的”和“坏的”客体整合为一个完整的、具有思想情感的对象，而是分裂为“好的客体”和“坏的客体”，因此，认知—情绪单元表征的冲突发生于“好的客体”和“坏的客体”之间（例如，笔者在临床治疗中某个案将重要他人分为“好的妈妈”和“坏的妈妈”，分别评价，好像是两个人）；精神病性患者的认知—情绪单元则受到严重损害，其情绪表达和情绪感受不一致，可能的认知—情绪单元表征的冲突与现实不符。可以猜想，这些特点导致神经症、人格障碍和精神病性病人具有不同的情绪信息加工过程。

至于重要他人认知—情绪单元表征冲突的影响，可以确信的是重要他人认知—情绪单元表征冲突导致情绪调节功能的紊乱，而情绪调节功能紊乱是所有心理障碍的共同特点。例如，在决策框架下，Paulus（2007）认为决策过程和决策结果对决策者的影响是自我平衡的过程。对精神疾患患者而言，Paulus（2007）假设他们的决策过程和决策结果既非最佳决策，也非自我平衡的过程，这与精神疾病患者自我平衡过程的调节紊乱有关。虽然 Paulus 不肯定精神疾病患者自我平衡过程的调节紊乱是由于信息输入过程中出现紊乱，还是认知决策过程中出现紊乱，但与情绪有关脑区的紊乱扮演了重要角色。

我们不能对重要人际关系认知—情绪单元表征冲突的作用过分解释。比如，对特定对象不合时宜的消极情绪（如焦虑、恐怖）是认知—情绪单元的情绪评价过程的过度反应，并不一定发生于重要人际关系情境，也并不必然源于早期经验。例如对蛇的恐惧，各种事故所致的心理创伤的影响等显然难以完全用重要人际关系情境的认知—情绪单元表征冲突解释。

3.4.2　治疗过程

人际认知—情绪单元动机功能每时每刻都在发挥作用。在治疗情境中，人际认知—情绪单元的动机功能过程是共同要素作用的底层机制。这里，我们简单描述治疗情境中认知—情绪单元的动机功能是如何发挥作用的。心理治疗的改变机制是在良好的治疗关系中，重新启动认知—情绪单元的动机功能，而无须一系列的防御过程，例如回避重要关系情境的消极信号，或通过过度反应的方式寻求“安全感”。认知—情绪单元的动机功能过程会一直评估治疗互动事件的积极 - 消极价值，并在治疗关系中和现实中持续检验心理治疗中所感、所想的积极 - 消极价值。

我们先简要回顾共同要素的观点。Frank 等人（1978）认为各种治疗方法具有一些共同性，主要体现在三个方面：当事人心理痛苦的共同性、各种治疗的共有特性以及各种治疗原理和方法的共同治疗功能。其中，各种治疗的共有特性体现在四个方面，分别是良好的治疗关系、治疗设置、一套治疗原理以及与治疗原理相关的具体治疗程序和治疗方法；各种治疗的共有功能体现在五个方面，分别是激起和维持当事人的获助期望、唤起当事人的情绪、提供新的学习经验、增强当事人的“掌控感”以及提供机会让当事人内化并维持治疗收获。Wampold（2001）在仔细分析治疗效果的元分析结果后，强调了治疗背景的关键作用：治疗师和当事人的信念，当事人与治疗师的治疗关系，当事人与治疗师对治疗合理性的认识，治疗措施与治疗合理性的一致性以及当事人赋予治疗的意义等。

对共同要素的观点，可从两个方面认识。首先，文献回顾中，我们强调了人格基础研究中关系取向的转变，也就是人只有在情境中、在关系中才能获得其价值和意义，而人的价值和意义也只有在情境中、在关系中才能体现。Wampold（2001）认为心理治疗是一种情境模型（contextual model），其实质是强调心理治疗实践的文化本质。在心理治疗的“文化”中，治疗师和当事人对治疗合理性的认识才是治疗取得效果的关键。各种治疗方法的共同性质最主要的作用是让当事人信服治疗的合理性。这是只有在治疗情境中才能达到的目标。须知，当事人不是“空降”到治疗情境中的，在寻求心理治疗前，当事人经历了一系列的决策过程（江光荣，夏勉，2006）。这个决策过程使得他们初步认可心理治疗的价值和意义，而不是持否认或者怀疑的态度，否则他们会拒绝接受这种“奇怪”的治疗。在这个决策过程中，当事人评估的结果必然是“发现”参与治疗对机体情绪状态的积极价值。

其次，在治疗开始后，治疗师与当事人建立的相互信赖的工作关系和治疗情境的共有功能使得当事人在探索、领悟和行动阶段（Hill，2015）

都能“感受”到治疗对他们的价值。良好的治疗关系和积极的期望会给当事人带来积极的情绪体验，从而开启自我探索的过程。这时，认知—情绪单元的动机功能开始评估治疗行为的积极 - 消极价值，只有评估结果是积极的当事人才会坚持参与心理治疗。在治疗过程中遇到困难时，治疗师会鼎力相助，并把这种困难解释为进步的征象，而克服这些困难才能获得预期的治疗效果。这时，当事人的认知调节过程开始作用于治疗过程中出现的消极情感，而治疗师所提供的“解释和说明”使得当事人能够注意、识别并调节这些消极情感，领悟消极情感的来源以及这些消极情感与情绪调节方式、认知风格和人际互动风格的关系。如果对这些过程的评价未获得积极信号，当事人对就不会预期克服困难后机体的积极情绪状态。在行动阶段，当事人同样需要确认行动的价值与意义。一开始，当事人可能是带着某种程度上的“怀疑”态度进入治疗情境，但是，随着治疗的开始和深入，以及认知—情绪单元被扭曲的动机功能逐步得到修复（例如，增强了的情绪觉察能力和自我觉知能力），当事人认知—情绪单元的动机功能一方面确认了治疗的价值与意义，另外一方面确认了“障碍”的来源、性质和在现实情境中的各种表现形式，从而有可能与治疗师一道针对那些病理性的部分展开工作。

依恋理论以控制装置屏蔽“依恋系统”，从而终止依恋行为来解释心理病理的来源。也就是，最初的养育“环境”，或者“情境”难以预料，而治疗环境中的理性的、温情的氛围则是有益的、治疗的情境。在稳定的设置中，一种从理智到情感意义的可以预料，会修复认知—情绪单元的“动机功能”。从这个角度来说，我们对 Wampold（2001）治疗情境的关键作用的观点补充一点，即在理性的认知、信念之外，认知—情绪单元的动机功能是必不可少的成分，该过程应包括一系列在无意识水平上认知—情绪单元自动完成的积极 – 消极评价，例如，可把安慰剂效应的生理过程看作理性的认知、信念之外认知—情绪单元的动机功能。

在人际认知—情绪单元的视角下，心理病理的来源之一是认知—情绪结构单元无法行使其适应性的功能，例如，固执地认为父母让自己不安无法改变，担心与重要他人互动的场合等。当事人的症状表现、人格特点和“防御方式”是认知—情绪单元动机功能过程的自然结果。

心理治疗过程就是在稳固的治疗关系中，在当事人对治疗行为动机功能结果为积极的条件下，治疗师能在治疗会谈中逐步突破当事人人际认知—情绪单元的期望循环，从而逐步实现当事人人际认知—情绪单元变化的过程（图 3–1）。该过程包括旧的人际认知—情绪单元（“如果 – 那么”认知—情绪单元）“失效”和 / 或新图式的生成。例如，治疗师居然不像当事人所预期的那样，做出像他爸爸一样的反应。这使得当事人原有的图式或预期落空。当事人新的关系经验不能被旧图式处理，反复积累后，再加上咨询师的教导，会形成新的“如果 – 那么”认知—情绪单元。在语义表征水平上，例如，和女朋友在一起的感受从“不安”变为“安心”。治疗师需要直接与当事人探讨其当下行为方式、思考方式和感受方式的不适应的特点及其深刻的人际来源，以及如何寻找、体验新的行为方式、思考方式和感受方式。在此过程中，当事人开始觉察到不安和安心的情绪反应和情绪表征，然后，当事人开始把安心与重要人际互动情景联系起来了，而不安开始是对情景较为真实的反映。

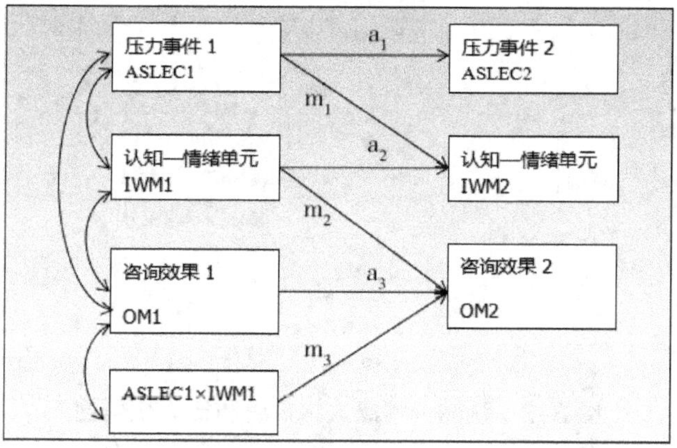

图 3–1　人际认知—情绪单元的心理病理学模型

在以上过程中，认知—情绪单元的动机功能发挥关键的作用（图 3–2）。身体反应（生理的、情绪的）而获得的“感受”作为动机功能过程，不同于完全理智的思考过程，为人际认知—情绪单元的修通提供了可能。认知—情绪单元的动机功能可以被看作机体自发的修复能力之一，没有这种能力，治疗无论如何都无法有效果。最有效的修通方法是治疗师和当事人的大量互动过程中当事人所获得的“安全感”。安全感的获得使得当事人有可能获得情绪调节的能力，发展出恰当的认知风格，并在现实的人际互动中满足他们的人际需求。在人际认知—情绪单元的领悟和修通过程中，情感和理智交织在一起，其结果是：“治疗性的改变在很大程度上有赖于一个含理性和情感的被结构化、组织化的框架结构，病人在其中可以安放他自己以及他自己对他人的主观体验。这可以帮助我们理解，为什么精神分析和其他心理治疗的观点是如此不同，两者却都可以在治疗中取得相同的效果。”（Sandler et al.，1992：164）

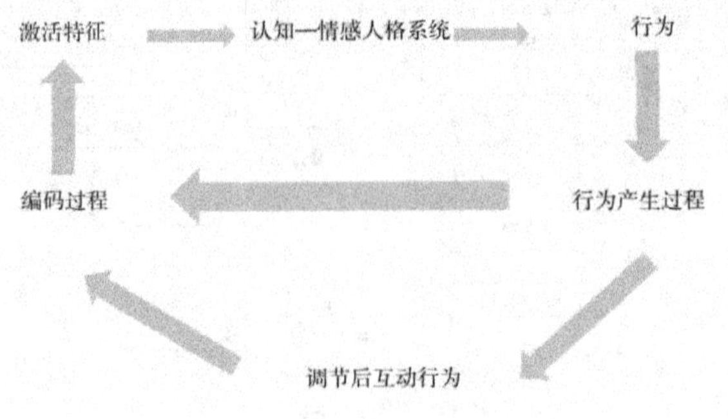

图 3-2　认知—情感人格系统和行为变异性

第 4 章　人际认知—情感单元与咨询效果

本章包括三个研究，分别是编制“我的感受”问卷以测量人际认知—情感单元，检查人际认知—情感单元与咨询效果的关系，最后以一例个案研究说明人际认知—情感单元在咨询中的应用。这三个研究旨在为人际认知—情感单元提供一个简易的测量方法，并检查人际认知—情感单元与咨询改变机制的关系。

4.1　研究一：“我的感受”问卷

4.1.1　研究目标

“我的感受”问卷编制工作的主要目标是测量人际认知—情绪单元。在重要人际关系中的人际认知－情绪单元是与重要他人互动时的信念和期望，其情感色彩主要通过与重要他人互动时的情绪记忆体现，而体现与重要他人互动时的情绪记忆可通过重要关系情境中描述“我的感受”的情绪形容词测量。按此推论，我们首先收集了重要人际关系中表达“我的感受”的词汇，这些词汇多为描绘情绪的形容词。人际认知－情绪单元强调机体评价过程、强调机体评价过程中情绪成分的作用，因此，在选择词汇时仅选择描述“感受”的词汇。这些描绘重要人际关系中我的感受的词汇是重要人际关系中情绪记忆的语义表征，是一种认知－情绪单元。问卷的编制工作分为两步：第一步是通过开放式问卷寻找表征重要人际关系中认知－情绪单元的情绪形容词；第二步是确定情绪形容词并编制“我的感受”问卷。

4.1.2 研究过程

重要人际关系中“我的感受任务”。通过“和爸爸在一起时，我感到……”句式收集重要人际关系中的认知－情绪单元情绪形容词。为充分收集表征认知－情绪单元的形容词，共提供八种不同的重要人际关系，分别是爸爸、妈妈、前男（女）友、现在的男（女）友、好朋友 1、好朋友 2、以前的朋友和最近来往比较多的人。指导语要求被试尽量多写，并做如下说明：若小时候不由父母抚养，则填写实际的抚养者，如爷爷、奶奶、姑姑等。通过这个程序，来穷尽重要人际关系中描述“情感记忆”的词汇。这个过程被命名为“我的感受任务”。根据“我的感受任务”获得的形容词编制“我的感受”问卷预测版。

为获得“我的感受”问卷预测版的因子结构，以“我的感受”问卷预测版调查被试三种重要关系中的感受。这三种重要的关系分别是与爸爸的关系、与妈妈的关系以及与朋友的关系。其中，如果爸爸早逝，则选择另外一位男性抚养者；若妈妈早逝，则选择另外一位女性抚养者；若正在恋爱关系中，朋友指恋人，若没有恋爱，则指最要好的朋友。根据“我的感受”问卷预测版编制“我的感受”问卷双极语义量表预测版。

根据“我的感受”问卷预测版数据的探索性因子分析结果，删除符合因子低于 0.3 的条目。对保留的形容词进行反义词配对，编制“我的感受”问卷双极语义量表预测版。以“我的感受”问卷双极语义量表预测版调查被试三种重要关系中的感受。这三种重要的关系分别是与爸爸的关系、与妈妈的关系以及与朋友的关系。最后，根据因子分析结果确定“我的感受”问卷双极语义量表最终版的条目，形成正式问卷。

4.1.3　取样

“我的感受任务”在武汉市三所高校的公共课堂上对 220 名大学生（样本 1）施测，获得 220 份有效数据。“我的感受”预测版在武汉市三所高校公共课堂上对 300 名大学生（样本 2）施测，共获得 299 份有效数据。“我的感受”双极语义量表预测版在武汉市两所高校公共课堂上对 214 名大学生（样本 3）施测，共获得 214 份有效数据。

4.1.4　数据分析

采用 ATLAS.ti 5.2 分析“我的感受任务”所获得形容词的词频以及这些形容词的相互关联，寻找词频较高，在“和爸爸在一起时，我感到——”句式中句子通顺、无歧义的形容词。采用 SPSS 13.0 进行探索性因子分析。

4.1.5　结果

1. 重要人际关系认知情绪单元形容词

用 ATLAS.ti 5.2 对这些词汇和短语进行编码，共获得词义明确词汇 158 个。根据词汇描述点，将这些词汇分为四类。第一类词汇描述重要他人特征，如“威严”“勤劳”等；第二类词汇描述重要他人对被试的行为、态度等，如“被关心”“被照顾”等。第三类词汇描述被试对重要他人的态度，如“佩服”“喜欢”等。第四类词汇描述与重要他人在一起的感受，如“开心”“紧张”等。这就是我们要寻找的表征重要人际关系认知－情绪单元的情绪形容词。第四类词汇共有 101 个，选取词频高于 6 的词汇，再删除近义词如舒适和舒服，反义词如自在、不自在（拘谨）。这样，最终保留 34 个词汇（表 4–1）。其中，“窝心”也被删除，原因是南方、北方表达的意思截然相反。最后，根据这 34 个词汇制成“我的感受”预测版。“我的感受”预测版量表采用 7 点赖科特计分法，分别是：1= 从不、2= 很少、3= 偶尔、4= 有时、5= 常常、6= 多数时候、7= 总是。

表 4–1　“我的感受”预测版

	1	2	3	4	5	6	7
1. 我感到安全。							
2. 我感到尴尬。							
3. 我感到踏实。							
4. 我感到烦恼。							
5. 我感到安心。							
6. 我感到烦躁。							
7. 我感到温暖。							
8. 我感到不自在。							
9. 我感到幸福。							
10. 我感到拘束。							
11. 我感到温馨。							
12. 我感到沉闷。							
13. 我感到美好。							
14. 我感到生气。							
15. 我感到安静。							
16. 我感到纠结。							
17. 我感到平淡。							
18. 我感到压抑。							
19. 我感到轻松。							
20. 我感到矛盾。							
21. 我感到自在。							
22. 我感到无忧无虑。							
23. 我感到开心。							
24. 我感到痛苦。							

续表

	1	2	3	4	5	6	7
25. 我感到高兴。							
26. 我感到舒适。							
27. 我感到愉快。							
28. 我感到伤心。							
29. 我感到满足。							
30. 我感到激动。							
31. 我感到兴奋。							
32. 我感到爽快。							
33. 我感到痛快。							
34. 我感到悲伤。							

2. “我的感受”预测版

“我的感受”预测版旨在获得 34 个词汇的因子结构，删除因子负荷较低的词汇。“我的感受”预测版让被试分别评价三种重要关系中的感受，这三种关系情境分别是与爸爸的关系、与妈妈的关系以及与朋友的关系。

采用主成分分析、斜交旋转法分别分析三种重要关系中的感受。综合碎石图和第一、第二因子比例，确定为两个因子。这两个因子分别表示“积极感受”和“消极感受”。结果见表 4–2。

表 4–2 “我的感受”预测版探索性因子分析

关系	二因子解释率	双重负荷词汇	因子负荷< 0.3 词汇
爸爸	48.72%	沉闷	安静、平淡
妈妈	50.74%		安静、平淡
朋友	48.32%	轻松、自在	安静、平淡

3. “我的感受”双极语义量表预测版

根据“我的感受”预测版因子分析结果，删除“安静”“平淡”两个词汇。保留的 32 个词汇有 16 个消极词汇、16 个积极词汇。接着，将积极词汇和消极词汇进行反义词配对以编制双极语义测量条目。若积极词汇和消极词汇无法找到相应的反义词，则另外补充相应的反义词。其中，补充了美好的反义词丑陋，矛盾的反义词和睦，温馨的反义词冷漠，温暖的反义词冷淡。冷淡、冷漠出现在开放式问卷获得的 158 个词汇中。补充反义词时考虑了“我的感受”句式的语境，例如，压抑的反义词可能是提升，但在我的感受语境中说“和爸爸在一起时，我感到提升”却不合适。通过这样的程序，得到 20 个条目的“我的感受”双极语义量表预测版。

分别分析“我的感受”双极语义量表预测版三种重要关系中“我的感受”数据（主成分分析、斜交旋转法）。结果见表 4–3。因子 1 和因子 2 的特征根比值大于 5，按照经验法则，可认为这 20 个条目测量的是一个因子（Linden & Hambleton，1997）。综合碎石图和第一、第二因子比例，确定每种重要人际关系核心人际图式为一个因子。

表 4–3　“我的感受”双极语义量表预测版

关系	因子 1 解释率	因子 1 特征根	因子 2 特征根	2 因子特征根比值
爸爸	57.45%	11.49	0.97	11.85
妈妈	50.46%	10.09	1.34	7.53
朋友	43.16%	8.63	1.56	5.53

4.“我的感受”双极语义量表正式版

接着，根据因子负荷的高低，选择在三种关系中因子负荷都较高的项目，这样得到“我的感受”条目的正式版（表 4–4）。“我的感受”问卷要求被试分别评价不同重要人际关系中的感受。这些感受词是一样的，但在不同重要关系中却可能不同。

“我的感受”问卷指导语如下：首先，请写下对重要他人的称呼（例如：爸爸、妈妈、朋友 1、朋友 2、女朋友、男朋友、丈夫、妻子等）。然后，分别想想和他或她在一起时的情形，最后在相应的空格处写上最符合你的感受的数字。重要他人至少需写 3 人，至多能写 6 人。在问卷使用上，可以根据研究的不同目标选择重要的人际关系。和常见的基于依恋理论的自陈式量表一样，通常我们会测量和妈妈、爸爸、恋人在一起时的感受。

表 4–4　重要人际关系认知 – 情绪单元双极语义量表

在右边空格里写下重要他人的称呼：	妈妈	爸爸	恋人	朋友	……	……
1. 无忧无虑 ---①--②--③--④ -- ⑤ -- ⑥ -- 忧虑						
2. 温暖 --①--②--③--④--⑤ -- ⑥ -- 冷淡						
3. 紧张 --①--②--③--④--⑤ -- ⑥ -- 轻松（R）						
4. 满足 --①--②--③--④--⑤ -- ⑥ -- 不满						
5. 安全 --①--②--③--④--⑤ -- ⑥ -- 害怕						
6. 忧心 --①--②--③--④--⑤ -- ⑥ -- 安心（R）						
7. 高兴 --①--②--③--④--⑤ -- ⑥ -- 生气						
8. 痛苦 --①--②--③--④--⑤ -- ⑥ -- 幸福（R）						
9. 和睦 --①--②--③--④--⑤ -- ⑥ -- 矛盾						
10. 开心 --①--②--③--④--⑤ -- ⑥ -- 压抑						
11. 自在 --①--②--③--④--⑤ -- ⑥ -- 拘束						
12. 沉闷 --①--②--③--④--⑤ -- ⑥ -- 有趣（R）						

注：R 表示反向计分条目。

4.1.6　讨论

本研究采用了“和某某在一起，我感到……”的句式收集情绪评价词，这个过程被称为“我的感受任务”。“我的感受任务”中所获得词汇分类发现了四种不同的类别，这可能表明了被试心目中这四类词汇之间的紧密联系。从理论上分析，前三类词汇描述的着眼点与文献中不同的测量方法有关。例如，人格特质理论的研究，就是对重要他人特征的描述，属于描述词汇的第一种情况，如“严肃”。人际互动行为的研究，如SASB(Benjamin，1974）、IPC（Wiggins，1995）等，描述的是重要他人行为，这是“我的感受任务”的第二种情况，如“被关心”。描述者对重要他人的态度，如“佩服”，则是人际互动情感的维度，是第三种情况。

Snider 和 Osgood（1969）在研究态度的双极语义测量时，发现不同领域的态度测量包括三个维度，分别是评价性、力量性和活动性。重要人际关系中的认知－情绪单元仅选取情绪词并对情绪词进行反义词匹配，因此，从态度测量的角度，仅测量了评价性这一维度。这是因为 Snider 和 Osgood（1969）的研究表明评价性是最为有用的维度。本研究结果表明表征某一重要人际关系的人际认知—情感单元是一个因子，该结果与 Snider 和 Osgood（1969）的研究结论是一致的。

“我的感受”拟测量不同重要人际关系的人际认知—情感单元。根据认知－情绪单元的理论假设，在认知－情绪单元的语义水平上，不同重要人际关系中的认知－情绪单元是一套系统。这样，在“我的感受”测验中，对所有被试而言，“认知—情感单元”是一样的，但重要他人的数量以及与人际认知—情感单元具体关系可以不同。

4.2 研究二：人际认知—情绪单元与咨询效果的关系

4.2.1 研究问题

本部分试图将人际认知—情绪单元应用于临床研究。人际认知—情绪单元是以“如果－那么”（if–then）存贮的心理结构或者模板，内容包括自我和重要他人的互动、对自我和重要他人的信念、情绪以及相应的情境线索等。它和认知图式具有类似的功能，例如，信息的选择、解释、预测等（Mischel & Shoda，1995；Baldwin，1997；Anderson & Chen，2002）。与成人依恋风格的二维度—四类别模型相比较（Bartholomew & Horowitz，1991），人际认知—情绪单元更加注重“内部工作模型”的情绪成分以及情绪成分在相应人际情境中信息加工过程中的作用。

从人际认知—情绪单元的理论来看（参见 3.3 节内容），认知 – 情绪单元的机体评价机制是心理病理性发展、共同要素和治疗改变过程共有机制。重要人际关系中的认知 – 情绪单元及其机体评价过程是心理病理性发展最为重要的来源。我们用“我的感受”问卷测量人际认知—情绪单元，以表示不同重要人际关系认知 – 情绪单元积极 – 消极评价的特点。人际认知—情绪单元越高，表示重要人际关系中的认知 – 情绪单元消极评价越多，不同重要人际关系认知 – 情绪单元积极 – 消极评价冲突越大（在这里，积极评价往往意味着某种应对或者防御的结果）。按照人际认知—情绪单元心理病理学模型（图 3–1），人际认知—情绪单元作为正在工作的自我 – 他人模型，必须与认知风格、情绪调节、自我调节、人际问题和生活环境所组成的网络共同作用才能最终导致心理疾患的发生（Mikulincer & Shaver，2007）。

这一过程在相当程度上是稳定的。Bowlby 认为，内部工作模型来自早期母婴互动经验的内化，这种内化是对母婴互动经验的一种“内部表征”。有了这种“内部表征”，婴儿实际上就可以预期在何种情境下，外界（母亲）的反应如何，他自己的反应如何，外界（母亲）对他的反应的反应如何，以及对外界（母亲）对他的反应的反应，他自己又是如何反应的。这样，他实际上就不必再次经历这些过程，从而通过“内部表征”的方式获得某种最佳的反应状态。这种“内部表征”一经形成，就相当稳定，“从摇篮到坟墓”。

但是，Bowlby 同时也认为“内部表征”具有一定的可塑性，也就是说如果外部环境（或者与重要人际关系的互动质量）发生了重大改变，“内部表征”会相应地做出调整（Bowlby，1973）。不少当代依恋理论的研究者也持这种观点（Collins & Read，1994；Kobak & Hazan，1991），也有不少研究支持这种观点（Davila，Burge，& Hammen，1997；Davila，Karney，& Bradbury，1999）。个体基于早期经验所发展的人际—情绪情感单元如果具有较多消极性质和较多的冲突，那么这些个体的心理结构或模板就会成为心理病理性发展的主要路径之一。

从而就为心理治疗性改变奠定了基础。心理治疗过程就是在稳固的治疗关系中，治疗师能在治疗会谈中逐步突破当事人人际认知—情感单元中的“期望循环”（即“投射性认同”过程），从而逐步修正当事人病理性的人际认知—情感单元。该过程包括旧的核心人际图式（“如果－那么”认知－情绪单元）“失效”和/或新图式的生成。例如，治疗师居然不像当事人所预期的那样，做出像他爸爸一样的反应。这使得当事人原有的图式或预期落空。当事人新的关系经验不能被旧图式处理，反复积累后，再加上咨询师的教导，会形成新的“如果－那么”认知－情绪单元。在语义表征水平上，例如，和女朋友在一起的感受从“不安”变为“安心”。当事人开始把安心与重要人际互动情景联系起来了，而不安开始是对情景较为真实的反映。新的人际认知—情感单元能较为真实地反映当前人际情境中的客观情况，无论是好的情形还是糟糕的情境，而旧的、病理性的人际认知—情感单元要么过分“担心”了实际的情形，把情况想得很糟糕，要么采用“回避”的策略，对实际的情形不去了解、过分乐观或者表现为人际回避等。

有效的心理治疗，不仅仅表现为症状的缓解、人际关系质量的改善、社会功能的提高，在人格改变水平上，还表现为人际认知—情绪单元的改变（详见 3.3 节人际认知—情绪单元概念提出部分）。从人际认知—情绪单元心理病理学的角度，心理治疗的会谈过程重新启动了当事人重要人际关系中的认知 - 情绪单元恰当的机体评价功能，对重要人际关系中的消极评价总体减少（也可能是建立了关系质量更高的重要人际关系），具体表现为人际认知—情绪单元的降低。

基于以上论述，本研究认为心理治疗能带来人际认知—情绪单元的改变，而人际认知—情绪单元的改变能预测症状的缓解。因为环境压力因素是导致"内部表征"改变的重要因素，"内部表征"也是应对环境压力因素的过滤器（参见 McConnell & Moss，2011），本研究还控制了压力因素，以更好了解人际认知—情绪单元的改变与症状环境的关系。

4.2.2　研究过程

1. 测量工具

"我的感受"问卷（Feelings in Significant Relationships Scale，FSRS，Sun，Wang，& Jiang，2017）请当事人分别评价其与母亲、父亲和亲密朋友（或恋人）在一起时的感受。在对负向计分条目转换后，分别计算三个分量表的得分。最后，将三个分量表得分相加得到人际认知—情绪单元的总体评分。

效果问卷 OQ45 是由 Lambert 等（1996，2004）开发的国外广泛使用的咨询效果评估工具，测量当事人的症状困扰（symptom distress，SD）、人际功能（interpersonal relation，IR）和社会功能（social performance，

SP）三方面的内容，共 45 题。OQ45 采用 Likert 五级记分，得分越高，心理问题越严重。OQ45 已经被翻译修订为中文版，初步的证据表明 OQ45 具有良好的信度、效度（于丽霞，2009；胡姝婧，2008；秦佑凤，胡姝婧，2008）。

人际问题量表IIP-32是五级记分的赖科特量表,共32个条目(Horowitz，Alden，Wiggins，& Pincus，2003）。本研究采用孙启武等（2010）针对大学生群体修订的版本。IIP-32 包括八个分量表，分别是：支配和控制、报复心和自我中心、冷漠和距离感、社会抑制、不自信、过度屈从、自我牺牲、冒犯和过度需求。本研究采用 IIP-32 计分。

青少年生活事件量表 ASLEC 青少年生活事件量表是根据青少年生理、心理特点和所扮演的家庭社会角色而编制的（刘贤臣，1997），比较适合测量青少年人群的生活事件。量表共 27 个条目，每个条目得分从 0 到 4，总分范围是 0–108。

2. 施测程序

在武汉市三所高校心理咨询中心收集数据。共进行 2 次测量，第一次测量包括“我的感受”问卷、OQ45、WAI-SR、CEQ，第二次测量包括“我的感受”问卷、OQ45。100 个当事人同意参与前测，最终收集完整前后测数据 67 份。当事人完成一份问卷给予 30 元报酬。

当事人最终的 67 份数据中，男性 15 人，女性 52 人。心理治疗期间，同时服用药物的 17 人，未同时服用药物的 69 人，3 人未填该数据。初测时，平均会谈次数为 2 次，后测时，平均会谈次数为 11 次。被试的年龄最小为 15 岁，最大为 32 岁，平均年龄为 23.24 岁（SD=6.11）。

咨询师在进行当事人数据收集的不同时段，邀请咨询师填写基本信息表。一共有 38 位咨询师参与了研究。其中 8 位具有临床或咨询心理学博士学位，12 位具有临床与咨询心理学硕士学位，9 位是具有学士学位的临床与咨询方向的硕士实习生，9 位是具有硕士学位的临床与咨询方向的博士实习生。咨询师的平均从业年限为 7.22 年（SD=7.23），平均年龄为 33.66 岁（SD=11.08）。其中男性咨询师 10 名，女性咨询师 28 名。咨询师在动力学、人本、认知行为和整合四个流派上进行自我评价他们的治疗取向（1 到 5 级评分）。其中动力学均分为 3.42（SD=1.3），人本均分为 3.88（SD=0.80），认知行为均分为 2.85（SD=1.11），整合取向均分为 3.56（SD=0.77）。

3. 数据分析

描述性统计和相关分析采用 SPSS13.0 计算，路径分析采用 Lisrel8.7 计算。

4.2.3　研究结果

1. 描述统计

本研究的研究变量描述性统计结果见表 4–5。从表 4–5 可以看到，各量表的内部一致性信度都达到可接受水平，OQ45 所测量的人际关系和社会功能内部一致性信度较低（0.62 ~ 0.72）。从表 4–5 可以看到，前测的人际认知—情绪单元与 OQ45 所测量的社会功能以及 IIP–32 所测量的人际问题无显著相关，而后测的人际认知—情绪单元与 OQ45 所测量的社会功能以及 IIP–32 所测量的人际问题有显著正相关关系，提示人际认知—情绪单元与症状困扰、社会角色和人际关系质量的共变关系。

2. 治疗前后人际认知—情绪单元的变化及治疗效果

心理治疗的效果不能仅仅检验前后测的差异显著性，还需要检验其临床显著性和可靠性改变指数（Jacobson & Truax，1991）。目前尚无中国被试 OQ45 的临床显著性和可靠性改变指数资料，因此，我们采用了 OQ45 手册（Lambert et al.，1996）建议的临床显著性和可靠性改变指数：总分等于或大于 63 提示有临床显著的症状表现，总分等于或大于 14 提示可靠性改变。前测时，41 名当事人（61.19%）OQ45 总分等于或大于 63，属于 OQ45 评估的临床人群；后测时，23 名当事人（44.78%）OQ45 总分等于或大于 63，属于 OQ45 评估的临床人群。然后，我们选择了 30 名前后测差异达到可靠性积极改变的当事人，用配对 t 检验检查了治疗前后研究变量的变化：FSRS（t=2.01，df=29，p=0.05，cohen' s d=0.38），IIP32（t=5.47，df =29，$p < 0.001$，cohen' s d=1.02 ），ASLEC（t=3.51，df =29，p=0.002，cohen' s d=0.64）。

配对 t 检验结果表明，治疗前后 OQ45 测量的症状困扰（t=5.85，df=65，$p < 0.001$），人际关系质量（t=4.39，df=65，$p < 0.001$）和社会功能（t=4.19，df=65，$p < 0.001$）都发生了显著变化。该结果表明，完成前后测的被试中，总体上，心理治疗都带来了治疗性的改变。

3. 人际认知—情绪单元与相关变量的路径分析

按照假设的基线模型，用 Lisrel 8.7 对相关变量做路径分析。结果见表 4-6。由于前测 FSRS 仅能预测后测 OQ45 的人际关系和社会功能，所以采用这两个指标进一步分析了竞争模型。竞争模型包括允许 OM1 预测 IWM2（模型 1）、OM1 预测 ASLEC2（模型 2），以及 ASLEC1 预测 OM2（模型 3）。用 OQ45 所测量的人际关系作为咨询效果指标，结果显示，模型 1（χ^2（11）=11.53，p=0.39，$\Delta\chi^2$=-0.08；RMSEA=0.028，90% CI 0，0.14，probability < 0.05：=0.53；CFI=1.00，ΔCFI=0；SRMR=0.035；AIC=45.53，ΔAIC=1.92），模型 2（χ^2

（11）=11.35，p=0.41，$\Delta\chi^2$=−0.26；RMSEA=0.023，90% CI：0 ~ 0.14，probability < 0.05：=0.55；CFI=1.00，ΔCFI=0；SRMR=0.035；AIC=45.35，ΔAIC=1.74）和模型 3（χ^2（11）=11.56，p=0.39，$\Delta\chi^2$=−.005；RMSEA=0.029，90% CI：0 ~ 0.14，probability < 0.05：=0.53；CFI=1.00，ΔCFI=0；SRMR=0.036；AIC=45.56，ΔAIC=1.95）都达到可接受水平，但是新增加路径都没有达到统计学意义上的显著性。

类似地，用 OQ45 所测量的社会功能作为咨询效果指标，结果显示模型 1（χ^2（11）=14.56，p=0.20，$\Delta\chi^2$=−0.16；RMSEA=0.072，90% CI：0 ~ 0.16，probability < 0.05：=0.32；CFI=0.98，ΔCFI=0；SRMR=0.059；AIC=48.56，ΔAIC=1.84），模型 2（χ^2（11）=14.77，p=0.19，$\Delta\chi^2$=−0.05；RMSEA=0.074，90% CI：0 ~ 0.16，probability < 0.05：=0.31；CFI=0.98，ΔCFI=0；SRMR=0.057；AIC=48.77，ΔAIC=1.05）以及模型 3（χ^2（11）=13.37，p=0.27，$\Delta\chi^2$=−1.35；RMSEA=0.059，90% CI：0 ~ 0.15，probability < 0.05：=0.40；CFI=0.99，ΔCFI=0.01；SRMR=0.044；AIC=47.37，ΔAIC=0.65）的数据模型拟合都达到可接受水平。但是，新增加路径都没有达到统计学意义上的显著性。

表 4–5　平均数、标准差和研究变量的皮尔逊相关（N=67）

	M	SD	α	1	2	3	4	5	6	7	8	9	10	11
Pretreatment（前测）														
1.SD1	37.09	14.05	0.88	–										
2.IR1	16.79	6.28	0.69	0.65**	–									
3.SP1	15.57	4.71	0.62	0.73**	0.45**	–								
4.IIP1	80.07	14.75	0.86	0.58**	0.52**	0.45**	–							
5.ASLEC1	45.34	18.84	0.89	0.34**	0.44**	0.42**	0.18	–						
6.IWM1	81.46	31.47	–[a]	0.25*	0.54**	0.23	0.23	0.29*	–					
Posttreatment（后测）														
7.SD2	28.21	13.86	0.92	0.63**	0.38**	0.51**	0.36**	0.17	0.21	–				
8.IR2	13.39	5.38	0.66	0.56**	0.52**	0.45**	0.47**	0.22	0.44**	0.76**	–			
9.SP2	13.00	5.03	0.72	0.45**	0.35**	0.57**	0.36**	0.39**	0.33**	0.69**	0.65**	–		
10.IIP2	75.36	15.33	0.88	0.38**	0.34**	0.28*	0.64**	0.17	0.27*	0.57**	0.68**	0.56**	–	
11.ASLEC2	38.46	16.84	0.91	0.24*	0.34**	0.30*	0.09	0.68**	0.13	0.31**	0.24	0.44**	0.17	–
12.IWM2	80.73	31.71	–[a]	0.24*	0.50**	0.20	0.20	0.31**	0.88**	0.33**	0.51**	0.38**	0.39**	0.20

注：IWM1= 人际认知—情绪单元前测；IWM2= 人际认知—情绪单元后测；SD1= 症状困扰前测得分；SD2= 症状困扰后测得分；SP1= 社会功能前测得分；SP2= 社会功能后测得分；IR1= 人际关系质量前测得分；IR2= 人际关系质量后测得分。

表 4–6　假设的结构方程模型检验结果

咨询效果[a]	x^2	df	p	RMSEA	NNFI	CFI	SRMR	a_1	a_2	a_3	m_1	m_2	m_3
1.IIP	15.16	12	0.23	0.065	0.95	0.97	0.037	0.68 （7.34）[b]	0.86 （13.69）	0.61 （6.25）	0.06 （1.00）	0.15 （1.47）	0.04 （0.45）
2.SD	20.44	12	0.06	0.106	0.89	0.94	0.047	0.68 （7.24）	0.86 （13.87）	0.61 （5.89）	0.06 （1.03）	0.06 （.59）	0.00 （–.03）
3.IR	11.61	12	0.48	0.000	1.00	1.00	0.035	0.68 （7.23）	0.86 （13.87）	0.39 （3.15）	0.06 （1.03）	0.25 （2.01）	–0.13 （–1.22）
4.SP	14.72	12	0.26	0.060	0.97	0.98	0.059	0.68 （7.23）	0.86 （13.87）	0.52 （5.07）	0.06 （1.03）	0.25 （2.06）	–0.03 （–.26）

注：

a.IIP：人际问题量表；SD：症状困扰；IR：人际关系；SP：社会功能；

b. 括弧中的数字表示路径系数的 t 值。如果 $t > 1.96$，则表示路径系统在 0.05 水平达到统计意义上的显著性。

4.2.4 讨论

本研究初步将人际认知—情绪单元应用于临床研究当中，检验了人际认知—情绪单元及其改变与症状改变的关系。在过程 - 效果研究领域，研究者一直希望找到更多“共同要素”或者治疗过程变量以了解治疗中的哪些因素导致了治疗性改变。例如，在工作同盟之外，Gelso 等人希望在治疗关系中找到其他的成分以预测治疗效果，他们找到了“真实关系”(2010)；再比如，Hill 等人（2006）找到了治疗过程中当事人的领悟。这些变量无疑是影响治疗性改变的重要因素，但是，这些努力基本上没有在人格理论的框架下探索变量的性质以及变量与人格理论的关系。人际认知—情绪单元则尝试在人格理论的框架下寻找不同治疗流派治疗性改变过程中共有的人格成分，并探讨共有的人格成分的变化与症状改善的关系。

本研究的结果初步支持这一新的理论尝试。具体体现在：症状改善伴随着人际认知—情绪单元的变化；在控制前测的症状水平后，前测的人际认知—情绪单元影响后测的社会功能。由于本研究临床样本当事人心理困扰的性质、接受的治疗流派不限，人际认知—情绪单元及其在心理治疗过程中的变化，可能反映人际认知—情绪单元的变化是所有心理治疗所导致的治疗性改变（主要是症状缓解）的基础。

在不同治疗流派的治疗效果研究中，对治疗效果的测量往往采用症状测量而非人格改变的测量。随着对人格障碍认识的深入，不少精神分析取向的学者，这也是精神分析取向心理治疗的传统，开始把人格因素作为临床诊断的首要维度，同时有少量实证研究开始把人格改变作为治疗效果的测量指标（PDM，2006；Gross et al，2007 ；OPD Task Force，2008），但是，这种做法还没有得到其他治疗流派的广泛认可。例如，认知治疗并不检验不合理信念的变化，受依恋理论影响的治疗也未检验依恋风格或内部工作模型的变化。人际认知—情绪单元是对正在工作的自我－他人模型的测定，它在治疗前后的改变是一种人格改变。本研究样本中，当事人接受心理治疗会谈的平均次数为 11，还是短程治疗。即使是这样的短程治疗，仍然带来了人际认知—情绪单元的显著改变，表明人际认知—情绪单元是对人格改变较为敏感的测量指标。

按照人际认知—情绪单元心理病理学模型，症状缓解应该也伴随着认知风格、情绪调节、人际调节以及自我调节等变量的变化。若该假设得到证实，再进一步的研究才有可能严格检验人际认知—情绪单元、认知风格、情绪调节、人际调节以及自我调节等变量与症状缓解的因果关系。

本研究的不足之处是，没有当事人的诊断信息，也没有当事人接受何种心理治疗的信息，样本量也不足够大，因此，只是初步检验了人际认知—情绪单元在心理治疗中的作用。下一步的研究，需从不同诊断的当事人，不同治疗流派的心理治疗等方面深入探讨人际认知—情绪单元的特点及变化规律。

4.3　研究三：人际认知—情绪单元、症状环境与人格改变：个案研究

4.3.1　问题提出

临床心理学家通常会同意心理治疗性改变的实质是人格改变这一说法。但是，心理疾病的人格基础，人格改变的具体内涵，人格改变的途径等问题，临床心理学家们则有不同的回答（例如，Beck，1983；Blatt，2008；Bowlby，1988；Horowitz，2004；Mikulincer & Shaver，2007，etc.），这些不同的回答形成丰富多样的人格理论。人们以这些人格理

论为基础设计了不同的治疗方法，例如，试图改变不合理信念（Beck，1983）、病理性质的“模板”（Horowitz，2004）、客体关系（Blatt，2008）和不安全的内部工作模型（Mikulincer & Shaver，2007）等，并就这些治疗方法的疗效开展了大量的实证研究。

但总的来说，这些研究存在以下两个问题：首先，在治疗效果的研究文献中，研究问题通常是治疗方法和治疗效果的关系，而很少有研究关心人格变量与症状缓解之间的关系这样重要的理论问题。例如，从逻辑上讲，如果理论假设是“自我贬低”导致了抑郁症，那么，研究就需要评估治疗前后当事人“自我贬低”信念的变化及与抑郁症症状改变的关系。

其次，治疗效果研究往往采用症状指标来衡量治疗效果，但实际上，人格改变本身就是治疗效果。例如，“自我贬低”信念的改变本身就是疗效。就人格障碍而言，人格改变更是治疗的主要目标之一。已有文献报告了人格障碍的治疗效果（Leichsen-ring & Leibing，2003；Perry，Banon & Ianni，1999）。但令人惊讶的是，多数对人格障碍治疗效果的研究同样采用了症状测量。

这两个问题之所以存在，可能的原因是：首先，人格改变相对来说较为困难，而症状缓解相对较为容易。其次，在研究实施上，囿于临床案例严格的筛选标准、人格改变往往需要较长时间的心理治疗以及长程治疗过程中当事人的脱落等原因，大样本研究较难实施。再次，人们对症状评估已经形成了较为一致的看法，但对人格评估却有许多不同的理论取向；并且在评估工具上，临床用人格改变的评估工具，无论数量还是质量，都不如症状评估工具。

为克服以上困难，临床上常采用个案研究法。个案研究在实施上具有一定的便利性，能为是否进一步的大样本研究提供初步依据。在评估工具方面，Shedler 和 Westen 发展的 SWAP－200（Shedler & Westen，1998，2004a，2004b；Westen & Shedler，1999a，1999b）在新发展人格评估工具中较为突出。已有研究将 SWAP－200 用于评估心理治疗中的人格改变（Lingiardi，Shedler，& Gazillo，2006）。

人际认知—情绪单元

近年来，在依恋理论的框架下，研究者认为早期养育经验所形成的内部工作模型对个体毕生发展具有重要影响，并且不安全的内部工作模型与 DSM－Ⅳ诊断系统轴 I 和轴 Ⅱ 的心理疾病高度相关（Meyer &Pilkonis，2005；Mikulincer & Shaver，2007）。以依恋理论为理论框架的社会认知研究也取得了重要进展（Baldwin，2005）。在测量上，成人内部工作模型最有影响的概念化是“二维度－四类别”模型（Bartholomew & Horowitz，1991；Brennan，Clark，& Shaver，1998）。但研究者也提出了批评。其中最为重要的两点分别是：首先，“二维度－四类别”模型对工作模型中的情绪成分未能给予充分的重视（Pietromonaco & Barrett，2000）；其次，不同亲密关系的工作模型也不同，需首先评估不同亲密关系中的工作模型，然后才能得到一般的工作模型（Fraley et al.，2011）。

在以上研究基础上，我们提出了人际认知—情绪单元的概念以强调以下三点：内部工作模型中的情绪成分、内部工作模型知识的程序性特征以及不同重要人际关系中内部工作模型的稳定性和变异性。人际认知—情绪单元指与重要他人相关的诸多认知－情感的如果－那么（if-then）单元（Michael & Shoda，1995；Sun，Wang，& Jiang，2017）。人际认知—情绪单元包括人际场景情境记忆、互动过程的如果－那么预期、伴随的情绪反应等。人际认知—情绪单元源于早期养育关系，成为发展过程中人际认知和人际行为的“模板”，在发展过程中既保持一定的稳定性也可能发生改变（Lopez & Gormley，2002；Waters et al.，2000）。

不安全的内部工作模型对亲密他人具有较多的消极情感表征，而安全的内部工作模型对亲密他人具有较多的积极情感表征（Bowlby，1988；Collins & Reader，1994）。成年个体具有不同的亲密关系，这些关系所引发的情绪感受不同。在一段时间内，这些心理表征会同时影响个体的心理状态。据此，安全的人际认知—情绪单元指个体在大多数亲密关系中都能体验到积极情感并内化为相应的心理表征，而不安全的人际认知—情绪单元指个体在有些亲密关系中能体验到积极情感，而在有些亲密关系中却体验着消极情感并内化为相应的心理表征。对临床样本而言，人际认知—情绪单元具有不安全的性质，与症状表现具有正向的关联。

在测量上，人际认知—情绪单元用个体与重要他人互动时的情绪感受测量。例如，和妈妈在一起时，我会感到温暖。在不同人际关系中，情绪效价和唤起程度不同。不同重要人际关系中情绪感受的加权反映了个体一般的内部工作模型，即人际认知—情绪单元。据此，我们发展了不同重要人际关系内部工作模型的测量方法，即我的感受问卷（Sun，Wang，& Jiang，2017）。在普通人群中的研究表明，FSRS具有良好的校标关联效度（以亲密关系体验量表、关系问卷和父母养育问卷等为校标）；追踪研究表明，FSRS具有良好的预测效度（以抑郁情绪、孤独感和人际问题等为校标变量）。在临床样本的研究中表明，FSRS 的改变能在工作同盟和治疗结果预期之外预测症状的缓解（Sun，Wang，& Jiang，2017）。

综上，本研究试图通过个案研究法，探讨人际认知—情绪单元、人格改变和症状缓解的共变关系。根据人际认知—情绪单元的概念，本研究假设治疗前后消极情感表征数量和强度的减少，该过程伴随着人格改变和症状缓解。

4.3.2　研究过程

1. 测量工具

“我的感受”问卷（FSRS）同研究Ⅱ。

效果问卷（OQ45）同研究Ⅱ。

洗德乐－魏斯顿人格评估（Shedler–Westen Assessment Procedure，SWAP–200）由 200 条描述人格特点的句子构成。其评定过程是：由临床心理学家根据当事人的材料，如录音、录像等评估当事人是否符合以及在多大程度上符合这些句子所描述的情形（0 ~ 7 分）。录音可以由专门的 SWAP 访谈获得，也可根据治疗会谈过程录音获得。SWAP－200 是基于 Q 分类法的人格评估，要求在 200 个项目中，得分从 7 分到 0 分的条目分别为 8、10、12、14、16、18、22 和 100 条。SWAP–200 根据 Q 分类结果计算人格诊断的得分，并绘制人格诊断轮廓图。本研究采用 SWAP–200 评分系统 3.05–2 试用版。该版本由本书作者于 2006 年从 http：//www.SWAPassessment.com 获得并译为中文。

2. 施测程序

本个案研究发表前，已经取得当事人对个案发表的知情同意。当事人签署知情同意后参与研究，对所有治疗会谈进行录音。在开始心理治疗之前，对当事人进行精神科初始访谈（SCID–CV，First et al.，1996；SCID–Ⅱ，First et al.，1997）。根据 SWAP–200 的测量要求（Shedler & Westen，1998，2004a，2004b），两位临床与咨询心理学方向博士生根据前 8 次会谈录音对当事人进行首次 SWAP–200 评估，另外临床与咨询心理学方向博士生根据最后 8 次会谈录音对当事人进行第二次 SWAP–200 评估。其中，不一致的评定条目经讨论后达成一致。初次访谈后，施测 MFSR–12；研究结束时，再次施测 MFSR-12。当事人每月自评 OQ45 一次，共自评了 12 次。所有施测过程由研究助手完成。当事人为高校本科生，寒暑假期间未进行会谈。整个研究持续时间为 1 年半（2009 年 2 月—2010 年 12 月）[①]，其间共进行了 52 次咨询会谈，每周会谈一次，1 次 50 分钟。

3. 个案描述

小北，男，21 岁，为某高校本科生。大二上学期不能正常参加学习活动，多门功课不及格，不能控制情绪，说话声音大，易激怒。精神科初始访谈结果为，在轴 I 上，当事人符合躁郁症 Ⅱ 型标准；在轴 Ⅱ 上，当事人符合抑郁型人格障碍标准，具有回避特点；在总体功能评估上，当事人得分为 50 分，显示个案功能受损严重。大二下学期，小北开始接受心理治疗直至大四上学期结束。大二下学期接受治疗时，小北同时接受抗抑郁药物治疗。大三下学期，小北逐渐减少药物服用剂量并在大三下学期停止药物治疗。

小北自幼受到母亲的严格管教。母亲曾任公职，后辞职在家。父亲收入丰厚。母亲掌管家中一切，几乎所有的事情都要按照她的意志完成。如果小北和他父亲没有顺从她的意志，她会想尽办法让他们顺从，并且每次都成功。在小北眼里，父亲儒雅，有能力，但显得懦弱。

小北知道母亲会出些什么招数让他就范。他曾尝试不那么听话，但很快就在母亲的招数下乖乖地就范。小北认为他从未在母亲那里体会过温暖和温情，也很少从母亲那里得到赞扬或者安慰；有的只是控制，而他自己就是那只“提线木偶”。在此环境下，小北很小就学会察言观色并不表达意愿，进而他自己的意愿渐渐变得模糊不清。

① 2013 年 5 月 1 日《中华人民共和国精神卫生法》正式实施，非心理治疗师不能进行精神障碍的治疗，非医疗机构不能进行心理治疗。本书所呈现为精神卫生法颁布之前的抑郁症个案治疗，在非医疗机构进行，时间为 2009 年 2 月—2010 年 12 月。特此声明。

小北父母经常争吵。每次家中发生争吵时，他会躲在自己的房间对着电脑玩游戏。玩游戏时，小北时刻尖着耳朵听在发生什么。小北说他并不关心事态如何发展，而是关心自己会不会受到什么威胁。在描述这个场景时，小北一直处在担惊受怕的状态中。

在小学阶段，小北是长辈眼中听话的孩子，亲戚都赞扬小北的妈妈对小北的教育非常成功，不像他们自己的孩子那么调皮捣蛋。到小学五年级的时候，小北已经人高马大，但经常受同学，包括女同学的欺负。他是同学眼中的老好人，这种情况一直延续至初中。

高中时，当语文老师以他的作文作为“反面教材”宣读时，小北对着他讨厌的“那个老头”情绪激动地训话。小北叙述说，那种训话方式，疾风骤雨，不带一个脏字，而且他也不知道当时怎么会那么流畅，不假思索地就讲了那么久。小北认为这是他母亲的方式，他无意中学习到了。高考时，小北超水平发挥，如意来到某重点高校就读。

大一上学期，小北和所有的大学新生一样，积极参加各种活动，还曾在英语演讲比赛中获奖。大一下学期，小北某必修课考了 54 分。暑假时，小北的母亲给他安排了家教，要求小北暑假补习。大二上学期，小北出现情绪激动且不能自控，说话声音很大等症状，以至于他的辅导员认为他有很强的攻击性。

4. 治疗过程简述

治疗师为从业 9 年的男性治疗师，临床心理学方向博士生。治疗师采取了整合的治疗模式。按照治疗的不同进程，治疗要点如下：①建立良好的治疗关系和安全的治疗氛围，与当事人讨论治疗目标与治疗任务；②采用澄清、指导等方法培训当事人详细叙述事件和感受的能力；③强调此时此地情绪感受的觉察，并将此时此地情绪感受的觉察与重要人际关系相联系；④运用治疗过程中由当事人激发的治疗师的感受作为材料，对当事人进行同感理解和解释（Bowlby，1988）。

在会谈初期，小北说话声音很大，难以觉察情绪。在此阶段，治疗会谈的焦点集中于小北“此时此地”的情绪以及生活事件前后的情绪上。小北起初坚持认为他既不悲伤、痛苦，也不高兴、快乐，“没有什么情绪”。随着会谈的进行，小北逐渐地能意识到他的“狂躁”的情绪状态，并开始能觉察到高兴、冷漠、抑郁、低沉、生气等情绪。在会谈初期，小北对是否能治好不抱希望，但在会谈中，他逐步意识到自己的情绪状态与母亲对待他的方式有关联。由此，小北渐渐地不再那么焦虑，觉得“有些安心”，开始对治疗康复抱有一些希望。

随后的会谈内容集中于小北与母亲互动的早期记忆以及现阶段小北与母亲的互动方式上。在会谈中，小北倾向于理智地分析事情的来龙去脉。这个时候，治疗师会向小北指出，要关心自己的情绪，从情绪了解自己的感受和行为，而不是用理智的方式思考和母亲的关系。这些时刻，治疗师会与小北共同探索当时可能的情绪感受。渐渐地，小北能把自己理性思维背后真实的情感和母亲对待他的态度联系在一起。

期间小北有两个显著变化。一是小北说话的声音渐渐和当时的场合相符，高兴时音量会变高，而悲伤时音量会变低，小北开始能较好地觉察和控制情绪。二是小北开始能表达他对母亲的不满，其社会功能也得到逐步提高。例如，有时对母亲“说一套做一套”，但也听母亲的话开始补习之前落下的功课，自己主动参加考试，偷偷参加网络游戏公司的应聘等。

但是，小北始终没有胆量直接去冲撞他的母亲，并坚持认为那样“太可怕了”。后期的会谈，治疗师和小北就此共同工作。小北会描述生活中与母亲互动的具体细节来说明他的无能为力感。治疗师在会谈中尝试扮演小北，而小北在这个时候总能扮演其母的反应。这种会谈模式持续了数周。小北认为他母亲无法改变，在目前的状态下，他和母亲的互动方式无法改变，所以他无法改变。治疗师由此感到无力、无助的状态。治疗师把这种状态告诉小北，指出“我可以体会到你的无力感了，你看这几周的会谈，我都没有打败你所扮演的那个妈妈”。

此次解释之后，这种会谈模式没有再次出现。小北能和治疗师一起将治疗会谈集中于两点：一是向母亲表达真实想法不会有灾难性的后果。例如，他偷偷上网被母亲发现后，好像也没发生什么事情，小北渐渐地对“摆脱”母亲的控制有了信心。二是开始具有扩大其人际关系的动机后，讨论如何扩大交往的圈子。小北说：“我现在怎么去扩大人际关系呀，这个该死的大学生活，现在大四的学生都是普遍的空虚状态，我和他们一样了，我也想参加社团活动，也想参加科技竞赛，可现在都没有机会了。”

大四上学期，小北和其他同学一样开始找工作并通过所有不及格功课的补考。

4.3.3　研究结果

1. 人际认知—情绪单元的变化

治疗过程中，小北未实质性地提及父母之外的亲密关系。在 FSRS 上，小北提到的其他重要他人在治疗前后的评定未发生变化。表 4–7 呈现了前后两次测量小北对妈妈和爸爸在人际认知—情绪单元条目上的分数。从表 4–7 可以看到，小北人际认知—情绪单元的变化首先体现在人际认知—情绪单元消极评价的强度上，例如无忧无虑条目上对妈妈的评价从 5 分变为 4 分；其次体现在人际认知—情绪单元评价性质的变化上，例如在和睦条目上对妈妈的评价从矛盾转变为和睦。总体上，对妈妈的评价变化向积极方向改变了 12 个分数，而对爸爸的评价在具体的条目上发生了变化，但总的变化为 0。

表 4-7　人际认知—情绪单元在心理治疗前后的变化

认知情绪单元条目	妈妈 1	妈妈 2	爸爸 1	爸爸 2
1. 无忧无虑 --①--②--③--④--⑤--⑥-- 忧虑	5	4	4	3
2. 温暖 --①--②--③--④--⑤--⑥-- 冷淡	5	4	3	4
3. 紧张 --①--②--③--④--⑤--⑥-- 轻松（R）	1	2	5	3
4. 满足 --①--②--③--④--⑤--⑥-- 不满	6	5	4	3
5. 安全 --①--②--③--④--⑤--⑥-- 害怕	6	5	3	3
6. 忧心 --①--②--③--④--⑤--⑥-- 安心（R）	1	2	3	4
7. 高兴 --①--②--③--④--⑤--⑥-- 生气	6	4	3	3
8. 痛苦 --①--②--③--④--⑤--⑥-- 幸福（R）	2	2	4	4
9. 和睦 --①--②--③--④--⑤--⑥-- 矛盾	6	3	4	5
10. 开心 --①--②--③--④--⑤--⑥-- 压抑	5	5	4	3
11. 自在 --①--②--③--④--⑤--⑥-- 拘束	5	5	3	4
12. 沉闷 --①--②--③--④--⑤--⑥-- 有趣（R）	1	2	3	4

注：R 表示反向记分条目；妈妈 1 表示 MFSR 第一次测量得分，妈妈 2 表示 MFSR 第二次测量得分；爸爸 1 表示 MFSR 第一次测量得分，爸爸 2 表示 MFSR 第二次测量得分。

2.SWAP-200 人格诊断轮廓的变化

SWAP-200 前后两次评估结果见图 4-1。根据 SWAP-200 的数据，T 分数达到 60 即提示符合 DSM- Ⅳ的人格障碍诊断标准，T 分数在 55 和 60 之间为具有某人格障碍“特征”。在时段 1，小北在抑郁型人格障碍上的

T 分数最高，为 61.9。其次在回避型人格障碍上 T 分数为 60.1，其临床表现是拒绝与人来往，拒绝卷入他人事务。再次，小北具有分裂型人格障碍特征，T 分数为 59.8。小北还具有依赖型人格障碍的特点和被动攻击型的特点。

在时段 2，小北人格诊断轮廓图中的分裂型、回避型、依赖型、被动攻击型的 T 分数都降至 55 以下，抑郁型的分数从 61.9 降低为 55.5，提示在研究结束时，小北仍然具有抑郁型人格障碍的特点。小北在时间点 2 评定的社会功能（T 分数从 48.9 增加到 56.4）和整体健康水平都有显著提高（T 分数从 49.6 增加到 59.2）。前后两次评估人格诊断轮廓图表明，小北病理性的人格特征在治疗后期产生了显著改善。

3. 症状自评的变化

小北在 OQ45 上症状自评的变化见图 4–1。从图 4–1 可以看到，小北在治疗期间，反映其主观不适症状困扰的自评分数呈明显下降趋势，社会功能表现呈略微下降趋势，而人际关系质量则无明显改善。

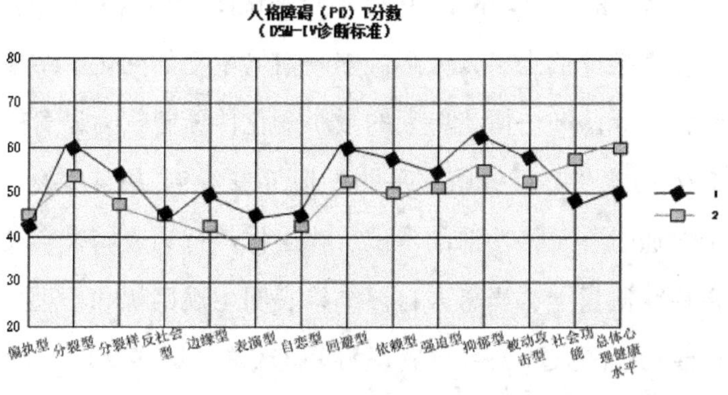

图 4–1　SWAP–200 人格诊断轮廓图

注：1 表示前 8 次会谈评估结果，2 表示最后 8 次会谈评估结果；paraniod= 偏执型，schizoid= 分裂型，schizotypal= 分裂样型，antisocial= 反社会型，borderline= 边缘型，histrionic= 表演型，

narcisistic= 自恋型，avoidant= 回避型，dependent= 依赖型，obsessive= 强迫型，passive-aggressive= 被动攻击型，High-Fx= 社会功能，PHI= 总体心理健康水平。纵轴表示 T 分数。

4.3.4 讨论

一年半的心理治疗后，小北人际认知—情绪单元的变化体现在两个方面，首先是性质的变化，其次是强度的变化（表 4–7）。小北具有回避的人格特点，治疗初期对人际情境中的情绪觉察不足。用成人依恋的类别来讲，小北对爸爸的表征具有忽视型的特点，具有肤浅的积极情感，更多的是一种理智上的认知，而非真实的情绪体验；小北对母亲的表征具有害怕型的特点，多为消极情感。值得注意的是，当事人对父亲的感受既有积极方向的变化，也有消极方向的变化（表 4–7）。我们认为，这种变化反映了当事人对由父亲引起的感受表征更加准确。同时表明，FSRS 对忽视型的工作模型和安全型的工作模型缺乏足够的区分度。

FSRS 的测量目标是当事人在不同重要人际关系中情绪感受的心理表征（即人际认知—情绪单元），并在理论上假设消极情绪感受的减少是人格改变和症状缓解的基础。本案例中，治疗师试图干预当事人的人际认知—情绪单元，并直接评估当事人人际认知—情绪单元的变化。结果发现，整个治疗期间，人际认知—情绪单元的微小变化伴随着较为显著的人格改变及当事人总体功能和心理健康水平的提高（表 4–7，图 4–1）。在现实功能方面，个案通过不及格功课的考试、找工作等行为表明社会功能的明显提升。但在症状测量上，当事人自评结果表明主观困扰和心理痛苦的明显降低，而社会功能和人际关系质量并无明显改变（图 4–2）。

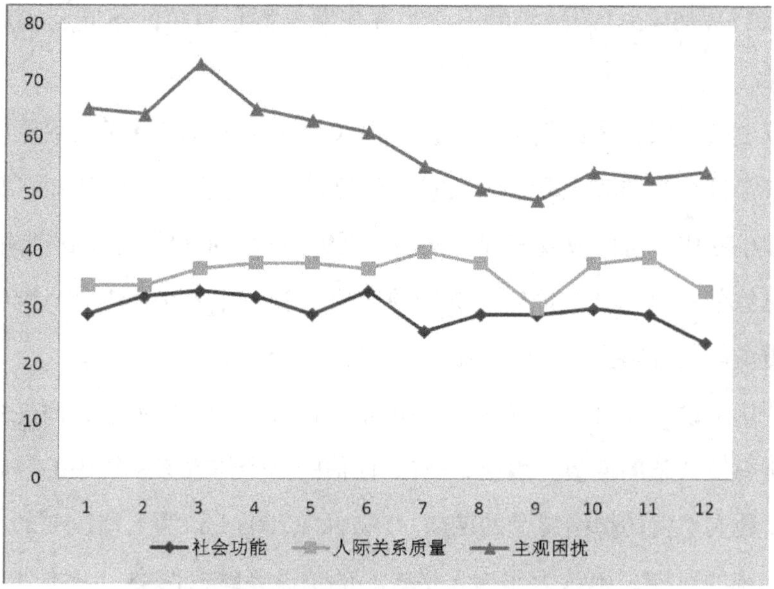

图 4-2　效果问卷得分在治疗过程中的变化

注：纵轴表示 OQ45 三维度总分，横轴表示 12 次测量。

为何会出现这种结果的差异呢？ OQ45 人际关系质量测量主要是恋爱（夫妻）关系、家庭关系和朋友关系等；当事人在参与治疗期间，一方面未有恋爱关系，一方面对家庭关系和朋友关系的满意度未发生变化。OQ45 社会功能主要测量学习工作的压力大小、学习工作的满意度等；在个案的主观知觉中，这些方面未有实质性的改进。SWAP-200 的总体功能和心理健康水平是由“能有效地、创造性地使用他（她）的才干和能力”“使用幽默、幽默会意”等衡量心理功能的条目测量的，而非现实意义上的婚恋关系满意度、家庭关系满意或工作学习压力的大小等，其测量对象与测量方法都与 OQ45 不同。元分析表明，在对治疗效果的评定上，不同的测量工具、自评（基于个案主观评定）和他评（基于专家客观评定）等不同的测量方法会导致测量结果的差异（Wampold，2001）。因此，我们认为

OQ45 和 SWAP-200 的结果的不同主要来源于测量对象的不同和测量方法的差异。

以上结果表明本案例中，直接干预人际认知—情绪单元还不足以让当事人获得社会功能和人际关系质量的明显提升。但是，人际认知—情绪单元的微小变化却可以改变病理性人格、缓解症状（主观困扰和心理痛苦）、提升总体的社会功能。同时，该结果表明 OQ45 所测量的社会功能和人际关系质量与主观困扰是不同性质的治疗效果。

严格地说，FSRS 并未直接评估由重要他人所引发的情感，而是由重要他人所引发情感的期望。因此，FSRS 评估的是个体人格系统中的信念，是由重要他人引发的情绪感受的期望。Dweck（2008）认为人格改变的本质是信念系统的改变，她认为作为人格核心的信念系统有两类，一类是自我属性的可变性，一类是关于社会接受和社会拒绝的期望，即与人际关系有关的期望。以此观之，FSRS 的评估对象是与关系有关信念的变化。然而，这种看法与依恋理论不符。依恋理论较为重视依恋行为及其内部表征的进化基础，因此，与其他信念系统不同，具有其他心理表征所不具有的生理起源。从理论上讲，人际认知—情绪单元还包含情绪反应方式的变化及可能生理基础的变化。目前在临床会谈中直接评估由重要他人所引发的情绪反应及生理变化在技术上还存在一定的困难。这可作为今后研究的方向之一。

个案研究设计具有许多不足。首先，个案研究设计无法对心理治疗的有效性做出更多推论。本案例中，当事人同时接受了抗抑郁药物治疗，当事人的改变与药物治疗也有关联。但药物治疗的作用更多体现在主观困扰缓解上，而非体现在人格改变上。其次，SWAP-200 的两组评定者根据录音时间和会谈内容了解会谈的先后顺序，从而对最后 8 次会谈录音产生“轻判”的倾向，这些社会期许效应都不可避免；再次，缺乏控制组，难以将当事人的改变完全归功于心理治疗；当事人生活中的其他原因，也可能最终体现在治疗效果上。个案研究虽有以上不足，但通过呈现一个完整治疗过程和治疗效果的评估，本个案研究仍具有重要价值，并能以此为基础，启示更为严谨的研究设计。从临床应用上讲，本研究启示临床实务工作者可直接针对重要人际关系中的情绪感受工作。

4.3.5　结论

在本案例中，人际认知—情绪单元、人格障碍轮廓和症状缓解具有共变关系。人际认知—情绪单元的变化伴随着临床上可观察的人格改变、症状缓解及当事人总体功能和心理健康水平的提高。症状缓解主要体现在主观困扰的降低，在社会功能和人际关系质量上改变不明显。

第 5 章　共同要素与心理治疗原理

为能科学地对心理疾患进行预防和治疗，临床心理学家开展了大量的研究。这些研究所关注的基础问题是心理治疗原理。临床心理学家认为心理治疗的本质是人格和行为的改变。如果说行为模式反映了人格特点，那么也可以笼统地说心理治疗的本质是人格改变。但是，人格改变的具体内涵是什么，人们则有不同的回答。不同理论流派如精神分析学派、行为主义、认知学派和人本主义等从各自的人格理论出发阐述了心理治疗的原理。例如，精神分析学派的先驱者们认为心理治疗的目标是使无意识意识化，自我能够协调本我和超我的冲突，而该改变即是人格改变。临床心理学家进一步地根据心理病理学的知识，提出了心理治疗的改变机制并制定了许多具体的治疗方法，例如移情分析、系统脱敏程序、挑战不合理信念、无条件积极关注等。这些临床心理学家相信，只要在治疗会谈中运用这些治疗方法，就能带来治疗性改变，正是这些方法导致了治疗性改变。换句话说，临床心理学家相信这些方法是导致治疗性改变的原因。

但是，治疗效果的临床研究却得到了与临床心理学家的传统看法不同的结论。不同治疗学派的治疗方法都能帮助当事人减轻他们的症状，并且不同治疗学派之间的疗效没有明显的差异（Smith & Glass，1977；Lambert & Bergin，1994；Lambert & Cattani-Thompson，1996；L.Luborsky，Diguer，E.Luborsky & Schmidt，1999）。这个结论使临床心理学家相当困惑。因为，如果移情分析是治疗性改变的唯一原因，那么，系统脱敏程序、挑战不合理信念、无条件积极关注（如温暖、共情、真诚一致等）不会导致治疗性改变。另外一种可能的解释是心理疾患的发生有多种原因，即多因一果，因此，针对不同原因所发展的治疗方法都有疗效。这被称为流派特定的疗效因子。研究者由此推论，不同治疗学派的差异较少，而共同之处较多。这个结果与 Frank 小组早期的工作一致（Frank et al.，1978；Frank & Frank，1991），即不同治疗学派间的确存在所谓的“共同要素”。

Lambert（1992）曾提出一个所谓“兰伯饼图”用以说明哪些因素可以解释治疗效果的方差。其中，治疗关系占 30%，期望效应（安慰剂效应）占 15%，治疗技术占 15%，而治疗外的改变占 40%。兰伯饼图是基于经验猜想而非基于实证研究数据，在该饼图中，治疗技术所表示的流派特定的疗效因子对治疗效果的贡献仍然较高。这个猜想未被证实。Wampold（2001）通过元分析，发现不同治疗学派的特殊技术对治疗效果仅有 8% 的贡献，而 70% 的治疗效果来自共同要素如治疗关系、期望等，而未能解释的 22% 的治疗效果可能来自当事人的差异。由此，Wampold 指出，循证治疗支持者按照医学模式，试图发现特殊的治疗技术对不同对象具有不同的治疗效果未被元分析结果支持。他认为，治疗流派的心理病理学及相应的治疗措施与实际心理治疗过程中导致改善的因素没有关联。相反，他强调了治疗情境的关键作用：治疗师和当事人的信念，当事人与治疗师的治疗关系，当事人与治疗师对治疗合理性的认识，治疗措施与治疗合理性的一致性以及当事人赋予治疗的意义等（Wampold，2001）。Wampold 将这个理论称为情境模型。[①]

共同要素说提出后，临床心理学家开始研究共同要素与治疗效果的关系和作用机制，这种研究取向称为过程－效果研究。过程－效果研究的基本思路是，心理治疗如同中药的作用一样，有效的治疗成分混杂在大量无效的成分当中。因此，有必要回到治疗过程中去，寻找和治疗效果紧密关联的有效成分。有较多实证研究支持的共同要素有“治疗关系”“期望”“面对问题”“对问题的掌控感”以及“治疗效果的归因解释”等五种(Weinberger, 1999)。

5.1 共同要素的作用机制

5.1.1 治疗关系

治疗关系是实证研究最多的共同要素。其作用机制的理论解释有三种（江光荣，2003）。首先是人本主义的理论解释。人本主义治疗家试图创立一种无条件积极关注的氛围，让当事人觉察到治疗关系中温暖、真诚等特征。这些特征被称为助长条件，有助于当事人自由探索自己的内心世界，降低当事人扭曲的机体评价功能，从而使得当事人能真诚一致地对待自己的感受。一旦治疗关系具有这些特征，就能导致治疗性改变（Rogers, 1957）。其次是依恋理论和精神分析理论的解释。依恋理论认为依附于某一重要对象对个体的存活具有重要价值。从依恋理论的角度，治疗关系是一种充满着“情感”的人与人的关系。没有盛满“情感”的治疗关系，还

① Saul Rosenzweig（1907–2004），美国心理学家，1932 年毕业于哈佛学院，是 B.F.Skinner 的同班同学和好友。他首先提出不同的治疗流派有“共同因子”，这就是著名的心理治疗的渡渡鸟效用，即所有参加比赛的“每个人都赢了，必须获得奖牌”。

不是真正的治疗关系。当事人一旦与治疗师建立了值得信赖的治疗关系，当事人在这里才感到“安全”，才能自由探索自己、他人以及环境。经典精神分析将“移情”分析作为心理治疗的关键。在治疗关系中，治疗师可以通过“移情”发现当事人独特的防御方式。通过移情分析，精神分析治疗可以使当事人获得领悟，从而达到治疗目标。最后是社会影响力理论。在社会影响力理论看来，心理治疗性改变的本质是态度改变，而态度改变过程受到信息来源的影响。若治疗师被看作专家、权威，则治疗师容易改变当事人的态度。

Safran 和 Muran（1996，2000）提出同盟裂痕的概念来说明工作同盟在治疗性改变中的作用。同盟裂痕指病人和治疗师关系质量变坏的时刻。Safran 和 Muran（1996，2000）认为关系质量变坏是探索和理解当事人维持不适应人际图式的关键时刻。Safran 和 Muran 认为，治疗过程中的人际互动受治疗师与病人各自人际图式的深刻影响。当治疗师不愿意参与到病人不适宜的人际循环中去时，同盟裂痕就会出现。这是病人其他人际场合人际互动特点的重现。这些不良的人际循环使病人自我验证了功能不良的人际图式。因此，同盟裂痕的出现实际上是病人消极的人际图式在治疗中的一种具体表现，而对同盟裂痕的修复就是治疗的有效成分。

Safran 和 Muran 发展出同盟裂痕出现与修复的一般模式。他们认为，在心理治疗中，这些模式会重复出现而且可以辨认。同盟裂痕出现与修复的一般模式包括三个阶段：阶段 1 是注意裂痕的线索，阶段 2 是探索与裂痕有关的经验，阶段 3 是探索回避行为。通过这三个阶段的反复，病人最终可获得对人际图式的领悟。通过交叉滞后设计，Safran 和 Muran（1996）的研究初步检验了该理论模型。此外，在一项对回避型人格障碍和强迫型人格障碍的认知治疗中，病人早期的工作同盟水平以及裂痕修复事件能较好地预测病人的改善程度（Strauss et al.，2006）。

在进一步说明、解释共同要素为何会导致治疗性改变时，研究者往往又回到不同的治疗流派理论中，或者至少借助不同治疗流派的理论概念来说明心理治疗的改变机制（例如，Safran & Muran，1996；江光荣，2005）。这种做法让心理治疗的改变机制陷入循环论证的局面。有研究者主张（Goldfried & Safran，1986），可根据不同的抽象水平解释心理治疗的改变机制以避免心理治疗改变机制的循环论证：治疗流派理论体系的抽象水平最高，而治疗技术的抽象水平最低，共同要素所说明的改变机制则是中等抽象程度的理论，并且是各治疗流派所共有的。然而，由于三种抽象水平的关系不明，这种主张仍然未能彻底解决心理治疗改变机制问题。

5.1.2 积极期望与注入希望

最早提出积极期望与注入希望作用机制的是 Frank（1978，1991）。Frank 等人认为寻求心理治疗服务当事人的普遍特点是“心力委顿”。根据“心力委顿”说，当事人都有无能、无望和无助这些心理状态。初步的会谈使得当事人相信能够从心理治疗中获得帮助，激起了当事人改变的动机或期望。从“无望”变为“有望”本身会改善当事人的情绪体验（江光荣，2005：40）。也就是说，“获助期望”或“改变的期望”直接作用于治疗效果。

Frank 等人（1978：26）发展了一种角色诱导谈话技术，在治疗前教育当事人以让当事人获得对心理治疗恰当的期待。结果发现，角色诱导谈话技术能有效提高治疗效果。在谈到角色诱导谈话的作用时，Frank 解释说：“角色诱导谈话可以减少不确定性带来的焦虑，通过告之治疗中可能出现的负面感受并将其解释为治疗进步的征象，从而增强了当事人的希望而不是相反；当事人恰如其分地行使一个好的当事人的行为，又会使得治疗师对当事人的治疗产生信心，并把这种信心在治疗的人际互动中传递给病人，从而增强了病人的信心，有利于发展治疗关系。”

Snyder 依据他的希望感理论对积极期望与注入希望的作用机制做出了独特的说明。当目标有价值，并且能够通过努力达到目标，叫有希望；如果认为即使努力也无法达到目标，则叫无望。Snyder（1999）认为和过往的希望理论相比，希望感理论强调认知成分，而积极情绪和消极情绪都是“认知”的副产品。Snyder 的希望感理论强调目标导向的“思考”（thinking），包括路径思考和动机思考。路径思考指为达到特定目标而产生方法、途径的能力，而动机思考指使用这些方法、途径所必需的动机成分（Snyder & Lopez，2007），因此，充满希望的目标定向行为由以下三个因素组成：①对目标的价值评定；②对达到目标的所有可能路径的思考；③对个人动机的思考，在遇到困难时是否有意愿考虑其他的途径，是否能按照特定的途径坚持下去等（图 5–1）。

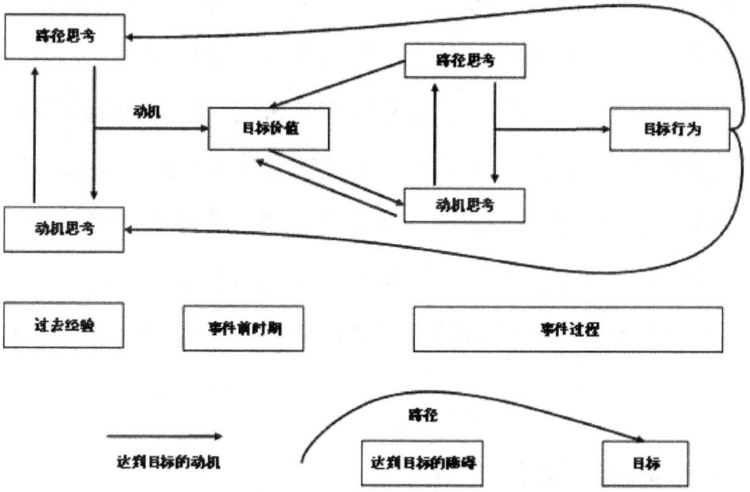

图 5–1　Snyder（2000）希望感理论全模型

Snyder（1999）援引 Frank（1991）的“共同要素说”，认为心理治疗的情境性因素使得当事人感到治疗目标可以实现，从而获得希望感。治疗关系和治疗情境促进了“动机思考”（例如，我能做到），而治疗理论和方法则提高了路径思考的能力（例如，我知道如何去做）。因此，希望感是所有共同要素的基础。希望感理论为解释共同要素的作用提供了一个新的理论视角。研究发现，当事人的改变在治疗早期就发生了，当事人总体改变的 40% ~ 70% 可以在治疗早期获得（Fennell &Teasdale，1987）。这个结果表明，在治疗早期起作用的并非特别的治疗技术而是共同要素——特别是希望的作用（Iardi & Craighead，1994）。因为，在治疗早期，很难设想当事人已经受到特殊治疗技术的影响。

以希望感理论的术语来说，当事人决定求助，就是怀抱“更好”的想法，从而获得了目标价值。在进入治疗情境后，首先获得了动机思考，动机思考与治疗早期当事人的改善有关。仅有“动机思考”还不够，随着治疗的深入，当事人学习到越来越多的“路径思考”。“路径思考”与治疗后期当事人的改善有关。Irving 等人（2004）的一项研究直接验证了动机思考和路径思考与治疗早期和治疗后期当事人改善的关系。一组当事人被分配到动机激发组，一组当事人被分配到等待组，随后两组当事人都接受了为期 12 周的心理治疗。结果发现，希望感与当事人的幸福感、社会功能、应对方式以及情绪管理关系密切，并且高希望感的当事人症状表现更少。不同水平希望感的当事人都认为动机激发组更有帮助。与设想的一样，动机思考与治疗早期当事人的改善有关，而路径思考与治疗后期当事人的改善有关。

5.1.3　安慰剂效应

早在 1952 年，Eysenk 就指出，心理治疗的效应只是安慰剂效应。安慰剂指不具有导致某些生理或心理效应特性，但却能引起这些生理或心理效应的物质或程序。安慰剂所引起的效应称为安慰剂效应（Price，Finniss，& Benedetti，2008）。在医学模式中，要证明新药的有效性，必须要证明新药的效应显著高于安慰剂效应。如果心理治疗的效应只是安慰剂效应而无更多特殊的效应，那么就没有必要进行烦琐的心理治疗而只要开出一些安慰剂的处方即可。该观点的前提是安慰剂效应不是实实在在的效应，而是暂时的、虚假的效应。研究者已经开展了大量研究探讨安慰剂效应的生理机制和心理机制（Stewart–Williams & Podd，2004；Benedetti et al.，2005；Wager & Nitschke，2005；Price，Finniss，& Benedetti，2008）。安慰剂效应机制研究的重要结论是安慰剂效应并非虚假的效应而是真实的效应（Price，Finniss，& Benedetti，2008）。

心理治疗领域中，大量随机实验组、控制组研究的结论同样否认了 Eysenk 的观点：不同治疗学派的治疗方法都能帮助当事人减轻他们的症状，并且不同治疗学派之间的疗效没有明显的差异（Smith & Glass，1981；Lambert & Bergin，1994；Lambert & Cattani–Thompson，1996；L.Luborsky et al.，1999）。在心理治疗效果研究中，设置控制组的基本做法是让预约当事人等待而不接受心理治疗。由于心理程序本身可能具有的效应，等待也具有等待的效应，如等待组中对治疗改善的期望会改善当事人的症状。Wampold（2001）认为不能把心理治疗的效应与医学模式的安慰剂效应进行简单的比较，心理治疗中的特殊成分不可能独立分离出来。换言之，如果以医学模式的“安慰剂效应”来理解，那么所有心理治疗的效果则都是“安慰剂效应”，接受心理治疗的实验组只不过是“增强的安慰剂效应”而已（Kaptchuk et al.，2008）。因此，对安慰剂效应的解释就是对心理治疗机制的解释。

Kirsch（1985，1997，2009）在回顾了安慰剂效应、催眠治疗以及恐惧消除等诸多实验研究结果后，认为“反应期望”（response expectancy）所导致主体体验的改变是一种基本的心理机制，可以更好地解释安慰剂效应，催眠治疗和行为训练的效果（参见第六章第四节接纳承诺疗法部分对

“反应期望”的说明）。反应期望（response expectancies）是指出现非随意行为的期望，包括 R–R 和 S–R 两种形式（Kirsh，1985）。非随意反应指自动发生的反应，不受意志控制，包括情绪反应、性唤起、痛苦等。非随意反应具有积极强化物和消极强化物的性质，因此对非随意行为的期望会影响个体的随意行为（Kirsh，1985）。对恐怖症的系统脱敏法治疗（Wolpe，1958），行为主义的理论解释是交互抑制、对抗性条件作用以及消退。有研究者发展出一种期望修正程序（Paul，1966）并发现，期望修正程序对恐怖症、焦虑症的改善程度虽不如系统脱敏程序，但也能显著改善这些症状，而改进的期望修正程序对恐怖症的治疗效果与系统脱敏程序相近。由此，Kirsch 认为，系统脱敏程序的机制在于修正了恐惧期望（例如蛇－恐怖反应，S–R）而不是因为交互抑制、对抗性条件作用以及消退。

Kirsch（2009）以《为什么有安慰剂效应：安慰剂效应的心理机制》为题，系统阐述了安慰剂效应的心理机制。主要论点有：①安慰剂效应的总体机制（global mechanisms）是降低焦虑、增强信心和希望、带来积极的情绪、好的治疗关系和促成内啡肽的释放。②安慰剂效应的局部机制（local mechanisms）是期望和条件作用。现代条件作用原理认为条件作用和其他的信息来源会带来对非条件刺激的心理表征（Mental representation），这种心理表征即是期望（Rescorla，1988）。在此基础上，Kirsch 提出了安慰剂效应的二因素理论。因素一是良好的治疗关系带来积极的情绪体验，而积极的情绪体验会导致安慰剂效应；因素二是反应期望既通过影响积极情绪而影响安慰剂效应，也直接影响安慰剂效应。这里反应期望指 R–R 和 S–R 的联结。反应是横杠后的 R，指机体的非随意反应，而机体的非随意反应具有强化物的作用（Kirsch，1985；Kirsch et al.，1997）。若将心理治疗效果视为安慰剂效应，则 Kirsch 安慰剂效应的二因素理论是一种解释心理治疗机制的“泛理论”（Pan–theory）。如图 5–2 所示。

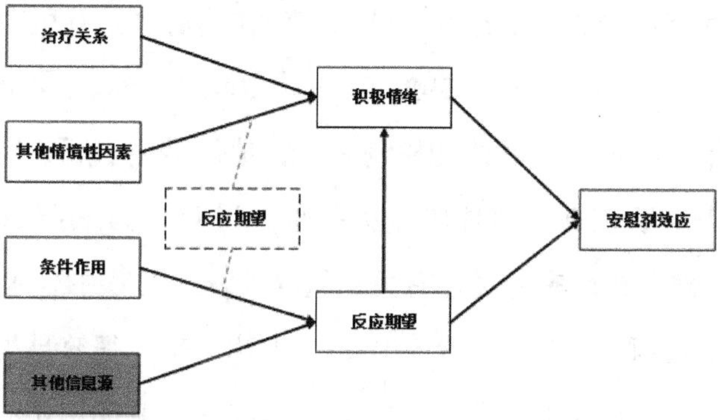

图 5–2　安慰剂效应的心理机制（Kirsch，2009）

如果安慰剂效应是真实的、而非虚假的效应，那么，在心理治疗中，如何提高安慰剂效应则具有重要的应用价值。例如，在对肠应激综合征（irritable bowel syndrome）病人的心理治疗中，研究者设定了三种治疗条件，分别是等待组、安慰剂组（第一次会谈为 10 分钟中立谈话）以及增强的安慰剂组（一次会谈 45 分钟，治疗师表现出温暖、同感等治疗特质以及激发病人的积极期望），在治疗的第三周、第六周分别测量病人的症状和生活质量。结果发现，等待组、安慰剂组和增强的安慰剂组在症状改善和生活质量提升上依次提高，尤以增强的安慰剂组的改善最为显著（Kaptchuk et al.，2008）。

5.2　矫正性情绪体验

按照弗洛伊德的神经症理论，神经症的来源是保留在无意识中被压抑的某些愿望，这些愿望往往与强烈的情绪如愤怒、焦虑、罪恶感等密不可分。在精神分析治疗中，病人的愿望和强烈的情绪被再次体验并被表达，愤怒、焦虑、罪恶感等情绪得以宣泄，其结果是“戏剧性的释放”，病人的神经症症状也随之消失。

当前仍然有不少心理治疗师把情绪宣泄作为心理治疗的改变机制之一（例如，Prochaska & Norcross，1999；Gaylin，2001）。Prochaska 等人（1982）虽然把宣泄作为心理治疗的改变机制之一，他们借用了矫正性情绪体验这一概念，但未对矫正性情绪体验做进一步的说明。Gaylin（2001）同样认为“愤怒”与部分或所有神经症有关，但仅仅表达愤怒并不具有治疗效应。这可能是由于在西方个体主义文化中，“表达出来”很容易被接受，而忽视了对情绪体验的讨论及其作用。如果不是在一个值得信赖的环境中讨论这些情绪，而只是情绪的释放、发泄（例如表达愤怒），为表达而表达，那么宣泄并非治疗的机制，相反，还会带来不良的后果而无助于问题本身（Cummings & Cumming，2006）。在这个含义上，宣泄并不能准确表述强烈的情绪被再次体验并被表达的治疗性改变机制。

矫正性情绪体验最先由 Alexander 和 French（1946）提出。他们认为治疗的基本原理是“在更有利的环境中，让病人暴露于他过去不能处理的情绪性情境中。为获得帮助，病人必须经历合适的矫正性情绪体验以修复过往经验的创伤性影响”（Alexander & French，1946：294）。Alexander 和 French 提出的矫正性情绪体验在当时并不受欢迎，因为它与弗洛伊德的早期学说不符。按照弗洛伊德 1911 ~ 1915 年间的理论，无意识中没有矫正性情绪体验可改变的信念。无意识中仅包含精神能量——即由快乐原则支配的冲动和防御。若治疗师试图提供病人矫正性情绪体验，则面临强化病人防御或者满足病人冲动的风险，从而剥夺了病人参与治疗的动机（Weiss，1993：66）。当前，矫正性情绪体验重新受到重视，并被认为是治疗性改变的里程碑（Yalom & Leszcz，2005：27）。当代精神动力学理论则假设，病人存在一种无意识动机，其目标在于寻找与特定病理性信念相反的体验，而治疗过程就是病人与治疗师一起工作否认其病理性信念的过程（Weiss，1993：9）。在治疗关系中，病人一直在无意识地检验、测试治疗师。治疗师提供的矫正性情绪体验则满足了病人的这种需求，从而否认了他的病理学信念。例如，一位当事人的父亲特别严厉，所以当事人特别害怕评价，由此不敢表达内心真实的焦虑感。在治疗师这里，他会一直测试能否表达内心真实的焦虑感而不受严厉的苛责。若治疗师通过了测试，则当事人会否认表达内心真实的焦虑感会受到苛责的病理性信念。类似地，Yalom 和 Leszcz(2005: 9)描述了团体治疗中矫正性情绪体验的过程和作用：①当事人表达强烈的消极情感，例如对某人很生气；②所害怕的灾难性后果并没有出现，例如被嘲笑、被拒绝，也没有对他人造成不利影响；③当事人发现自我之前未被了解的部分，能用新的方式与他人建立联结。

矫正性情绪体验为理解其他相关概念提供了新的视角。例如，心理治疗的作用机制在于增加自我觉察（consciousness raising）并促进领悟。按照矫正性情绪体验的理解，治疗中通过解释、移情分析所获得的领悟，还不能带来治疗性改变，自我觉察和领悟必须伴随着情绪体验，并在现实的重要关系中有体会地验证了才带来新的与人联结的方式。再比如，传统精神分析认为神经症的核心是内部冲突，增进当事人的自我觉察和领悟后，当事人发现了内部冲突及内部冲突对当下的影响，而解决内部冲突的过程就是矫正性情绪体验。

矫正性情绪体验作为治疗性改变的关键因素，尚处于治疗家的经验观察和理论分析层面，实证研究几乎没有，文献检索仅见一篇综述将矫正性情绪体验与人格的人际理论和依恋理论结合分析探讨治疗师 – 当事人匹配对治疗效果的影响（Bernier & Dozier，2002）。虽然实证研究不多，很多作家不仅仅把矫正性情绪体验当作精神分析治疗效果的关键因素，而是所有治疗流派的共同要素（Prochaska & Norcross，1999；Cummings &

Cumming，2006）。

可以将情绪聚焦疗法视为矫正性情绪体验的当代发展。情绪聚焦疗法（emotion-focused therapy，EFT）是多种治疗方法的一种新的综合。情绪聚焦疗法综合了以人为中心疗法、格式塔疗法、系统疗法等。稍早一些，情绪聚焦疗法也叫过程体验疗法（process experiential therapy，PE）（Elliott et al.，2004；Greenberg，2002；Greenberg & Johnson，1988；Greenberg & Watson，2006；Greenberg，Rice，& Elliott，1993）。情绪聚焦疗法将情绪作为人类体验（经验）的基础，同时认为意义建构也非常重要，并最终将情绪和认知交织在一起。其提出者 Greenberg（2011）认为情绪聚焦疗法具有整合性质，是所有治疗共有的特征，无论是心理动力、认知行为、行为主义或人本主义治疗，在本质上都是情绪聚焦的。

情绪聚焦疗法认为人的情绪会有四种类型，分别是基本适应性情绪、基本病理性情绪、第二反应性情绪以及工具性情绪。基本适应性情绪是情绪的原初反应，对当下情境有意，比如对丧失感到悲伤，对受侵犯感到愤怒，以及对威胁感到害怕等。悲伤是一种适应性反应，它可以让人们与某人或某些重要的东西重新联结。愤怒是一种适应性反应，它可以让人们立刻采取行动来结束侵犯。恐惧是一种适应性反应，它可以让人们避免或逃避威胁。基本适应性情绪的特点是对这些情绪的感受很确定、有掌控感，或者不确定、有失控感，或者能感受到情绪上的痛苦。

基本病理性情绪是对特定刺激的情绪反应，但这些情绪反应对当下场景而言却不再有益。例如，对别人的快乐感到悲伤、对真正关心他们的人感到愤怒、对无害的场合感到害怕，或者长期的不安、害怕或者无价值、羞耻感等。

第二反应性情绪，简而言之，就是对前面所述两种情绪反应的反应，例如，对基本情感反应的无望、无助、愤怒或绝望的第二反应，这些反应是对痛苦、失控或侵犯等基本情绪反应的反应。第二反应性情绪可能是基本情绪反应的升级版，比如当人们因生气而生气，因害怕而害怕，或因悲伤而悲伤。第二反应性情绪也可能是对基本情绪反应的防御，例如，通过感觉愤怒来避免悲伤，或通过感觉害怕来避免愤怒。这种防御性反应也可能包括性别角色刻板反应，例如，在感到害怕时表达愤怒（对男性性别角色的刻板印象），或在感到愤怒时表达悲伤（对女性性别角色的刻板印象）等。

工具性情绪指用情绪反应来影响或控制别人。这是一种习得性的情绪反应，可以让别人注意自己、让别人帮自己做某些事、赞同自己或者不赞同自己等。比如，鳄鱼的眼泪是工具性的悲伤，欺侮行为是工具性的愤怒，哭泣的狼是工具性害怕，假装尴尬是工具性羞耻感等。如果治疗师在感到受到控制或者感到当事人的情绪很浮浅，那么，当事人在治疗中的情绪反应就很可能是工具性情绪。

在情绪聚焦疗法看来，在共情性的治疗关系中，通过情绪觉察、情绪调节、反思以及情绪转换过程，才会发生治疗性改变。准确、清晰的情绪觉察往往是心理治疗开始发挥作用的第一步。这些情绪往往不易觉察；对有心理困扰的当事人而言，更是难以准确觉察这些情绪，以及这些情绪的作用。这个时候，咨询师需要帮助当事人觉察那些情感反应、准确命名这些情感反应。

情绪调节不是指不去感受不良情绪（这实际上毫无作用），而是在舒适的环境中为当事人提供一个“感受空间”，它能让当事人逐渐允许各种不同的体验和情绪“出来”，并逐渐能充分体验这些不同的情绪，例如，害怕、悲伤、失控等。渐渐地，当事人就能获得一种自我安抚的能力而无须在意志上的特别用力，情绪唤起的强度也会逐步降低，高强度的情绪唤起也能较快得到安抚。这也可以通过一些练习得到这些能力，比如，“聚焦”“自我安抚”以及“安全岛练习”等。

反思是对以上这些情感体验的一种审视，以让这些情感体验获得可理解意义。当事人开始认识自我不同部分的感受、需要、自我体验、想法和自我不同部分的目标；体验到自我的各个部分是如何联系在一起。例如，一个自我批评的声音是如何导致羞耻和抑郁，这可以帮助当事人认识到他们自我中的某一部分如何制造了有问题的经验。

最后一个步骤是情绪转换。人们往往容易靠“理智”思考或处理情绪问题，然而，这往往并不起作用。情绪聚焦疗法或让当事人回到那些创伤性经验里，在当下激活他们的情绪，然后寻找、识别和再体验在产生这些病理性情绪（或替代性情绪，第二反应情绪）场合里，当事人的基本情绪究竟是什么。这就是“矫正性情绪体验”。

案例片段：

赵建国因为抑郁来访。高中期间沉迷于游戏，大学期间有轻生的想法，在情绪低落时，这种想法尤其强烈。父亲常年在外工作，在他高二时因病去世。在他游戏时，父亲还曾经在网吧找到他，并当场给他难堪。赵建国工作后，发现自己与老板的关系总是紧张而激烈。在咨询会谈中，咨询师认识到，赵建国心中有一个小剧场。赵建国与同事打交道时，往往会在这个剧场中先把与同事交往中的各种可能性事先演练一番，包括他的老板。在演练时，他总是往最坏的方面设想。实际上，他的这些设想总是在发生，以至于他不得不提前在内心剧场中做好准备。如此这样，他多次跳槽。

在咨询会谈中，赵建国逐渐意识到内心小剧场的运作过程，其中最主要的体验是疲倦。后来，赵建国开始谈到高中到大学的经历，以及父亲的死。他并没有认识到自己的愤怒和悲伤，而是好像父亲还在场似的为自己高中沉迷于游戏辩护，以及如何需要别人的理解。他似乎在说，“你不要我这样，我偏偏这样！”咨询师给予了充分的理解。在此之后，他开始能更多谈及与父亲在一起时的细节，咨询师开始帮他认识在咨询室中谈论这些时他当下的和过去的感受。在此之后，赵建国忽然认识到，或许他内心小剧场的脚本（总是往最坏的方面想），或许和父亲意外病亡有关。他与同事打交道时，似乎不需要假设最坏的方面了。

在此之后，有一天，赵建国忽然发现自己内心小剧场里，多了一个脚本，即期待有强大的人，能在他困难的时候给予照顾。在处理和老板的关系时，他发现老板既有招他恨的一面（提各种工作要求、忽视他的工作成绩、不给予他工作上的自由空间等），他需要在内心剧场中和老板进行“战斗”；他又发现他内心竟然有一个声音，是期待老板能够给予他一些特别的关照。例如，赵建国经常熬夜，所以上班总迟到。他希望老板能接纳他这小小的不足。

赵建国逐渐谈起更多与父亲之间的故事。小时候，父亲会带着赵建国一起玩。但后来再也没有过。在父亲生病期间，他本来可以不去恨父亲，也不去用游戏麻痹自己，更不会想着高考（虽然实际上他做得也不好），而是去陪着父亲。赵建国认识到，父亲还是一位强大的父亲，而不是那位病入膏肓，即将死亡的父亲。他不必把和父亲在一起时的脚本和情绪带入和同事的关系中，不必把严厉管教又弃他而去的父亲（期待最坏的方面），也不必把温和又有力的父亲（期待关照和接纳他的不足）带入和老板的关系中了。

5.3　过程—效果研究：工作同盟

Orlinsky 等人（2004）提出了心理治疗过程的一般模型。在心理咨询过程的一般模型中，他们把心理治疗过程分为6类，分别是：①心理治疗组织——治疗合约；②心理治疗技术——治疗的操作；③心理治疗人际方面——治疗的情感联结；④心理治疗的人际内方面——自我（如自我觉察、自我领悟、自我调节、自尊等）；⑤心理治疗的临床方面——会谈影响；⑥过程的时序方面——时序的模式。

Orlinsky 等人（2004）的分类没有区分心理变量和行为变量，因此研究主题中心理变量和行为变量是重叠的（表5–1）。由于治疗关系和当事人期望这两个变量是过程－效果研究领域学者着力最多的两个变量，以下仅概要介绍治疗关系和当事人期望的相关研究。

表 5–1　过程－效果的研究主题（部分）

主题		变量
情感联结	总体情感联结特征	关系质量(同盟、群体氛围)，当事人对联结治疗的贡献
	角色投入	当事人投入／动机、治疗师投入／可靠性
	互动调整	治疗师的合作／指导、当事人的合作／控制、目标任务同意程度
	和睦表达	治疗师的同感理解、当事人的表述、当事人的同感理解、交流和睦
	情感性向	治疗师肯定／否定、当事人肯定／否定、互惠的情感模式
	体验的一致性	
自我	真诚（开放性）、体验着的、情感接受、感到自主、成熟防御、自我关照	
会谈影响	总体积极影响、认知改变、领悟、问题解决、情绪宣泄、士气、自我效能及个人成长	
	总体消极影响	

改编自 Orlinsky，Ronnestad & Willutzki（2004）。

5.3.1　工作同盟概念

从历史上看，工作同盟这个概念受精神分析疗法和当事人中心疗法影响最大。按照弗洛伊德的经典理论，病人对治疗师的移情被认为是成功治疗的关键因素。移情关系不是真实关系。虽然弗洛伊德曾暗示病人与治疗师的关系，不仅包含移情关系，还包含了真实关系的成分，但在精神分析的早期，真实关系的成分几乎没人注意。之后，病人与治疗师的关系中所包含的真实关系的成分逐步受到了重视。这是由于病人自我（ego）中的健康成分能与治疗师联合在一起，如果没有自我中的健康成分，治疗关系无从建立（Zetzel，1956）。Greenson（1965）最先提出工作同盟这个词并用它来强调病人与治疗师朝向某目标的工作能力。Greenson 同样强调了治疗关系中真实关系的成分。治疗目标和真实关系这两个成分的认识，对后来 Bordin（1979）的界定产生了重要的影响。

当事人中心疗法也对工作同盟概念的发展产生了重要影响。首先，当事人中心疗法高度重视咨询关系，并致力于在咨询过程中创造一种真诚、共情理解和无条件积极关注等当事人可以感受到的关系特质。在当事人中心疗法看来，一旦当事人感受到了咨询关系中的这些特质，当事人就会产生积极的变化。其次，因当事人中心疗法的理论取向，当事人中心疗法的理论家不怎么强调咨询目标，也不以问题为中心，而是“以人为中心”，以整体改变为目标，以成为“人”为目标。此后，以人的整体改变为目标的观点没有发生根本性的改变。但显然，理论家开始重视当事人自己的咨询与治疗目标。Patterson（1974）认为权宜之计是在咨询过程中，将咨询目标分为长程目标、中程目标与短程目标。这种对咨询目标的理解与稍后 Bordin 的定义是一致的。

工作同盟是对治疗关系的一种测量。关于工作同盟的概念，被广泛接受的是 Bordin（1979）跨特定流派理论的界定。他认为，工作同盟包括三个方面：①当事人和治疗师对治疗目标的同意程度（目标维度）；②当事人和治疗师对如何达到这些治疗目标的同意程度（任务维度）；③以及由此建立的当事人与治疗师的情感联结（情感维度）。Bordin 试图超越治疗流派界定治疗关系，相比精神分析疗法和当事人中心疗法的理论家的理解，相同之处在于都重视咨询目标，忽视了精神分析意义上的移情关系而强调真实关系；不同之处在于需要当事人与咨询师共同商讨决定咨询目标和到达咨询目标的途径，只有二者之间较高的一致才会有较高的工作同盟水平，这一点是理论家所忽视的。无论是移情分析还是无条件积极关注等咨询特质，在 Bordin 看来，恰当的运用都会增进当事人与咨询师的合作水平。所以，这个定义的重点是当事人与咨询师的合作关系，其基础是朝向某一咨询目标当事人与咨询师共同工作，并伴随着投入的情感联结。

Bordin（1979）论述了工作同盟建立、修复和重建过程，因为在治疗过程中不可避免会出现压力（情绪上的紧张感），出现的工作同盟裂痕，甚至无法建立工作同盟的情况。Bordin（1994）又进一步认为工作同盟影响治疗性改变的三个要素分别是工作同盟的强度、治疗任务的力量以及工作同盟裂痕的动态过程。Safran（1990）进一步发展了工作同盟裂痕的概念，认为工作同盟裂痕指工作同盟质量的恶化，包括从工作同盟的破裂到轻微的紧张关系都是工作同盟裂痕。在心理治疗过程中，治疗师和当事人可能明确觉察到工作同盟裂痕，也可能对是否有工作同盟没有清晰的觉察。现在，越来越多的证据表明工作同盟裂痕这一概念有助于进一步地探查心理治疗性改变的机制（Eubanks，Muran，&Safran，2018）。

5.3.2 工作同盟的测量

在过程研究的众多变量中，工作同盟的测量工具最多，应用的范围最广。通过介绍这些测量工具，可以加深我们对工作同盟概念的理解。本部分简要介绍几种工作同盟的常用测量工具。

根据 Bordin（1979）提出的工作同盟概念，研究者编制了工作同盟量表（Horvath，1986；Horvath & Greenberg，1989）。工作同盟量表包括三个分量表，分别测量 Bordin（1979）界定的工作同盟的三个方面。工作同盟量表有许多不同的版本，可以分别由当事人、咨询师和客观观察者评定。基于 Bordin（1979）的定义，结合我国当事人的实际情况，我国研究者也试图发展具有本土敏感性的工作同盟的测量工具（朱旭，2011）。

Luborsky 等（1983）编制的宾州助人同盟评定量表从两个方面测量同盟：关于病人对治疗者助人性的觉察，例如对温暖、支持、咨询与治疗有用性等的觉察；关于病人对治疗情境本身和对与治疗师一起朝向治疗目标工作的觉察。

范德比尔特治疗同盟量表（Harley & Strupp，1983）从治疗同盟形成的三个方面来测量治疗同盟，分别是治疗师对同盟的贡献大小，病人对同盟贡献的大小以及病人、治疗师的互动对同盟贡献的大小。对范德比尔特治疗同盟量表因素分析发现成功的治疗同盟包括六个因子，分别是积极的氛围、治疗师的干预、病人的阻抗或者焦虑、病人的动机及病人对治疗的责任。

加州治疗同盟量表（Marmar & Gaston，1988）包括四个方面的测量，分别是病人的工作能力、病人的承诺、病人与治疗师对目标和策略的同意程度以及治疗师的领悟和对治疗的投入程度（involvement）。这些量表都具有比较好的测量学的属性（Cecero et al.，2001），元分析显示这些量表都可以测量工作同盟，并无好坏之分（Hovarth & Symonds，1991；Martin et al.，2001）。

5.3.3 工作同盟与治疗效果

大量文献把工作同盟与治疗效果联系在一起研究。这与工作同盟的理论分析是分不开的。从其他作者的综述和元分析的结果来看，工作同盟和治疗效果有稳定的中等程度的正相关（Flückiger et al.，2018；Horvath et al.，2011；Horvath & Symonds，1991；Martin，Garske，& Davis，2000）。这种关系不因治疗者、病人的类型、症状以及治疗情境的变化而变化。

研究中争论最多的问题是工作同盟的评定者和治疗效果的测量方法对工作同盟和治疗效果关系的影响。工作同盟可以由当事人、咨询师和客观观察者评定。一般认为，当事人和观察者的评定要比咨询师的评定能更好地预测治疗的效果，并且在多次治疗会谈中，当事人的评定比咨询师和客观观察者的评定更为稳定。但在最新的元分析中，结果显示咨询师评定的工作同盟和当事人评定的工作同盟都与治疗效果的关系具有中等程度的正相关（Flückiger et al.，2018）。

工作同盟与治疗效果的关系还受到治疗效果测量的影响。例如，在编制工作同盟量表的三个不同样本中，结果分别是工作同盟与病人报告的改变和一般满意度相关，和病人冲突的解决以及特定抱怨的改变相关，在另外一个样本中却没有统计显著性（Hovarth，1989）。Gelso 和 Carter（1985）认为工作同盟可能与治疗结果的某一特殊方面有关而不是与宽泛定义的治疗效果有关。所以，工作同盟与治疗效果的关系取决于测量内容是针对具体的领域还是宽泛的领域，采用了特殊的测量还是一般的测量（Hovarth，1991）。

5.3.4 影响工作同盟的当事人因素

一般从当事人、咨询师以及当事人和咨询师二者之间的互动三个方面讨论影响工作同盟的因素。这里我们主要介绍当事人因素对工作同盟的影响，并简要概述咨询师因素对工作同盟的影响。

关于当事人因素对工作同盟的影响可以从当事人治疗前症状的严重程度和当事人的心理因素两个方面考虑。根据 Sexton（1994）等人的综述，治疗前症状的严重程度和工作同盟的关系不清楚。Sexton 综述说，一些作者认为治疗前症状的严重程度和工作同盟没有什么关系，一些作者认为症状越严重，工作同盟的水平就越高，而另外一些作者却认为症状越严重，工作同盟的水平就越低。现在，引入了时间序列数据，这个问题已经得到了初步解答。即在每次咨询前测量症状水平，每次咨询后测量工作同盟，人们发现症状严重程度和工作同盟变化在组间水平（即每位当事人）是相互影响的关系，而在组间水平二者之间是负相关关系（Falkenström，Granström，& Holmqvist，2013；孙启武 等，2000）。

当事人的认知动机性因素影响工作同盟的建立以及工作同盟水平的高低。例如，对心理治疗不合适的期望与过早地结束治疗、低水平的工作同盟有关。在精神分析治疗中，治疗动机可以预测工作同盟水平的高低。许多研究认为，病人改变的必要条件是他们体验焦虑和困难的意愿（Henry & Strupp，1994）。工作同盟与当事人愿意承担的责任有关。例如，由咨询预期量表所测量的个人责任与治疗效果、工作同盟高度相关（Price，1998；Patterson & Anderson，2008），这意味着在治疗中积极主动的病人比那些完全依赖治疗师的病人更容易建立工作同盟。

当事人人际关系的好坏与工作同盟的建立以及工作同盟的好坏有关。人际关系可以被看成个体与他人互动时持续和稳定的风格，因此，它是一种人格的因素。根据苏完女（2000）的综述，当事人对人友好的特点或者形成亲密关系的能力和工作同盟呈正相关，而社会关系或者人际关系不良的当事人以及对人敌意的当事人，与咨询师形成工作同盟关系时会比较困难。

5.3.5 影响工作同盟的咨询师因素

咨询师变量，如咨询师的特点等对工作同盟的影响获得了较为稳定且一致的结论。从两个方面来介绍：咨询师的哪些特点对工作同盟的建立和维持有益；咨询师哪些特点对工作同盟的建立和维持不利。

一般来说，咨询师的专业水平、信赖程度、吸引力以及咨询师与当事人组合的融洽与工作同盟水平有中等程度的正相关。治疗师的温暖、理解、能力和对当事人的尊重会提高工作同盟的水平。但是，治疗师的专业水平与工作同盟的关系还有一些争议。例如，有一项研究发现工作同盟的目标、任务维度和治疗师的训练水平正相关，但是情感连接的成分与治疗师的训练水平无关（Mallinckrodt & Nelson，1991）。

根据Ackerman和Hilsenroth（2001）的综述，治疗师的严厉僵化、靠不住、挑剔、距离感、紧张和心不在焉等特点将对工作同盟产生消极影响。并且，治疗师对心理治疗的过分结构化、不恰当的自我表露、无效的移情解释以及时机不当的沉默对工作同盟有消极的影响。

不少研究者强调咨询师在建立同盟关系中的责任。研究发现，治疗师与病人之间往往存在重要的分歧，诸如对治疗的期望、心理疾病形成的原因以及解决方式等（Claiborn，Ward & Strong，1981；Mellott et al.，1999）。这些分歧可能是影响当事人对咨询师助人性觉察的重要原因。要解决这些分歧，首先应该调整的似乎是受到经年严格训练的咨询师而不是当事人（Ducan，Solovey & Rusk，1992）。当事人往往很难调整，因为如果当事人可以很容易调整的话，那么咨询的目标也就达到了。这样看来，虽然工作同盟更多受到当事人因素的影响，但在建立牢固的工作同盟中，咨询师有必要承担更大的责任。

5.3.6　工作同盟中的情感联结

研究者还深入探讨了治疗关系的“情感联结”部分。Saunders（2000）认为：治疗关系包括移情部分和同盟部分，同盟包括一致性以及治疗的情感联结；一致性包括目标和任务的一致，而情感联结包括角色投入、同感反应以及互相肯定。她的研究发现，角色投入和相互肯定得分较高的被试会谈效果最好，而同感反应的理解与被理解得分较高的被试，“振作”程度更高。

人际关系问题与情感联结负相关，悲痛程度也与情感联结负相关，比较而言，人际关系问题能更好预测情感联结（Saunder，2001）。一项 45 次会谈的个案研究认为人际行为模式的改变与治疗的情感联结共同变化（Shields et al.，2006）。最近一项研究在依恋理论的指导下，研究了父母教养方式与“情感联结”的关系（Tereno et al，2008）。Obegi（2008）提出了治疗过程中情感联结的发展阶段模型，认为治疗师 - 当事人之间情感联结的发展过程可能与母婴依恋关系的发展过程类似。

5.4　过程—效果研究：当事人期望

按照 Garfield（1994）的定义，当事人期望既指对心理治疗效果的期望，也指当事人对治疗程序、治疗师角色以及治疗次数的期望。按照 Nock 和 Kazin（2001：155）的定义，当事人对心理咨询的期望是当事人的一种特点，“是当事人带入咨询中期待性质的信念，包括咨询程序、咨询结果、咨询者、心理干预的方式以及心理干预的任何其他方面”。该定义在 Arnkoff 等人

（2002）的综述中被沿用。Garfield 和 Nock 等人的定义认为当事人期望包括许多不同的内容，但是他们的定义都有一个共同点，即认为当事人期望是当事人带入咨询中期待性质的信念。

当事人带入咨询中的具有期待性质的信念或许只反映了当事人期望的一部分。孙启武和江光荣（2008）从情境性和稳定性、现实性和幻想性两个维度将不同类型的期望进行了区分。Garfield 和 Nock 等人的定义似乎是一些情境性的、现实性的预期，因而比较容易通过心理教育的方式得以改变。显然，这种理解是比较浅白的认识。实际上，当事人带入咨询过程中具有预期性质的信念，其内涵要远远大于 Garfield 和 Nock 等人的定义（图 5–3）。实际上，本书所描述的内部工作模型、反应期望等概念都具有期望的性质，是当事人带入咨询过程中的信念，这些信念会直接在咨询过程中呈现出来。

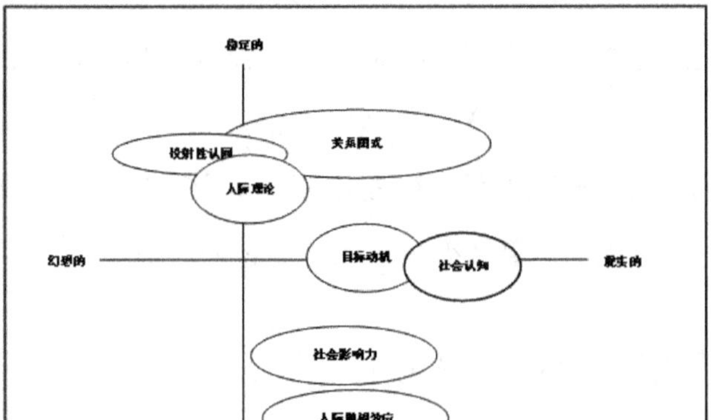

图 5–3　咨询期望理论的区别与联系

5.4.1　当事人期望的测量

总体而言，当事人期望的测量工具不如工作同盟的测量工具发展得那么充分。文献中研究较多的是结果期望和角色期望。可靠性期望量表（CEQ）（Devilly & Borkovec，2000）是对结果期望的一种测量。CEQ 是自陈式问卷，一共 6 个条目，分别从认知和情感两个维度测量当事人对治疗可靠性的期望。

有两个角色期望的测量工具得到了广泛的使用，一个是咨询预期问卷（EAC-B）（Tinsley，1982）。EAC-B 是自陈式问卷，一共 66 个条目，从当事人的投入程度、助长条件以及咨询员的专业性三个维度测量当事人的角色期望（Hatchett & Han，2006；Tinsley & Westcot，1990）。另一个是心理治疗预期问卷（PEI-R）（Berzin，1971）。PEI-R 共有 30 个条目，从期许赞同、期许建议、期许倾听、期许关系四个维度测量当事人的角色期望。

5.4.2　结果期望与治疗效果

Arnkoff 等人的综述（2002）搜集了最早至 2000 年有关结果期望与治疗效果的 24 项研究，其中 12 项研究支持结果期望与治疗效果的正相关关系，7 项研究得到结果期望与治疗效果的“混合”关系（同一项研究采用多项指标测量治疗效果，“混合”关系指结果期望与某些指标有关，而与另外一些指标无关），7 项研究得到结果期望与治疗效果无关。

另外，根据 Noble（2001）等人对精神病学文献的综述，1980 年以前的研究提示病人期望与治疗效果之间的 U 型关系。也就是说，病人中等程度的“改善期望”比过高或过低期望的病人有更多的改进。1980 年后的研究文献中，有一项研究表明结果期望与治疗效果无关，两项研究表明结果期望与治疗效果呈负相关关系，而多数研究支持结果期望与治疗效果之间的正相关关系。

Delsignore 等人（2007）的综述中纳入了 1982—2007 年间有关结果期望与治疗效果关系的研究 19 篇。他们的结论是持有积极结果期望的当事人比持有消极结果期望的当事人有更多的改善。

另外两篇综述分别补充了少量文献（Dew & Bickman，2005；Greengerg & Constantino et al.，2006），得出的结论与以上三篇综述得出的结论类似，即大部分研究支持结果期望与治疗效果正相关关系，有少部分文献得到“混合”的结果，还有一部分文献的结论是结果期望与治疗效果无关或者“负相关”。

Bickman 和 Dew（2005），Delsignore 等人（2007）同时强调了治疗结果的测量指标对研究结论的影响，总结而言，有如下三点结论：首先，结果期望与治疗效果某一方面测量指标的相关值要比与治疗效果总体测量指标的相关值大；当前的研究倾向于采用多种指标测量治疗结果，因此也容易出现“混合”结果；最后，当事人的“脱落率”，参加治疗会谈的次数等或许是一种不可靠的测量指标，因为当事人终止治疗的原因可能有多种（大学毕业、难以支付治疗费用、寻找更合适的治疗等），不一定是因为对心理治疗没有积极的结果期望。

最近的元分析表明，结果期望与治疗效果之间具有小到中等的效果量（Constantino et al.，2011；Constantino et al.，2018）。其中，2011 年的元分析纳入了 46 个独立样本，而 2018 年的分析纳入了 81 个独立样本，包括 12722 名病人。这个结果提示，结果期望和工作同盟一样是值得进一步关注的共同要素。

5.4.3 结果期望与治疗过程

治疗过程可以从许多不同的角度描述。从参与治疗的双方描述治疗过程，则治疗过程的变量有当事人变量、治疗师变量和治疗双方的关系变量。其中，治疗师变量有“反应方式”“自我表露”等，当事人变量有“治疗中的体验”“治疗中的行为”等（胡姝婧 & 江光荣，2008）。但是，对治疗过程中当事人变量和治疗师变量的探索，研究者之间还没有达成共识。相比较而言，描述治疗双方关系的变量“工作同盟”得到了多数研究者的认可。本部分主要介绍结果期望与工作同盟关系的六项研究。

Meyer 等人（2002）重新分析了美国精神卫生中心“抑郁症治疗合作研究项目”的数据，其目标在于检验工作同盟在结果期望和治疗效果关系间的作用。结果表明工作同盟起部分中介作用。Meyer 等人采用的“当事人对治疗的投入程度”是范德比尔特治疗同盟量表的分测验。他们推论，如果当事人对治疗有积极的期望，那么他们会倾向于积极参与治疗过程，而积极参与治疗过程有助于缓解症状。

Connolly（2003）等人的研究（引自 Greenberg & Constantino，2006）表明控制了其他当事人变量后，治疗前测量的“改善期望”与当事人评定的工作同盟呈正相关。Constantino 等人（2005）对厌食症病人的认知行为治疗和人际治疗的研究发现，控制了其他当事人变量，第一次治疗会谈后测量的“改善期望”与早期工作同盟（第 4 次）和中期工作同盟（第 12 次）呈正相关。Constantino 等人（2007）对失眠症病人团体治疗的研究发现，病人对治疗改变的期望与工作同盟存在交互作用，即对治疗改变期望较高的病人在对治疗师“接纳”上的得分与失眠时间的改变无关，而对治疗改变期望较低的病人在对治疗师“接纳”的得分较高则会减少失眠时间。

Joyce 等人（2003）假设工作同盟是治疗前结果期望和治疗效果的中介变量。研究结果支持工作同盟的部分中介效应，工作同盟的中介效应约为 33%。Abouguendia 等人（2004）的研究结果表明工作同盟在结果期望与群体获益程度之间起部分中介作用，工作同盟对缓解总体症状，缓解悲伤以及达到治疗目标的满意程度这三项测量指标的中介效应分别为 22.4%、52%、19.3%。这两项研究提示当事人治疗前的结果期望对治疗效果的影响是通过当事人 – 治疗师的合作关系实现的。

5.4.4 角色期望与治疗效果

Arnkoff（2002）等人的综述搜集了最早至 2000 年有关角色期望与治疗效果的研究 37 篇，其中 21 项研究表明角色期望与治疗效果之间存在一定的正相关，12 项研究报告了“混合”的结果，8 项研究报告了角色期望与治疗效果之间没有相关。Arnkoff 等人全面回顾了角色期望和治疗效果的研究文献后，得出了与 Duckro（1979）等人同样的结论：角色期望与治疗效果之间的关系仍然不清楚。Delsignore（2007）等人的综述纳入有关角色期望与治疗效果之间关系的文献共有 6 篇，其中 4 篇的研究结论支持角色期望与治疗效果间的正相关关系，2 篇报告了“混合”的结果。该篇综述的作者也得出同样的结论：到目前为止还难以肯定角色期望与治疗效果之间的关系。由于不同时期的文献对角色期望的定义和测量方法不同，这两位综述的作者认为所谓“角色期望”可能实际上测量了不同的对象，因无法检验这些“角色期望”的测量工具到底测量了什么，所以，到目前为止还难以肯定角色期望与治疗效果之间的关系。

5.4.5 角色期望与治疗过程

角色期望与治疗过程的关系主要集中于研究角色期望与工作同盟的关系。一共有 4 项研究涉及角色期望与工作同盟的关系。Al-Darmaki 和 Kivlighan（1993）的研究比较了当事人—治疗师在治疗中角色期望上的一致性（用 PEI-R 测量）与工作同盟的关系，结果发现当事人的角色期望与治疗师角色期望的一致性能有效预测工作同盟的得分。Kaplan 的研究（2000）采用 EAC-B 测量当事人角色期望，结果发现在控制其他变量后，EAC-B 所测量的当事人投入程度对工作同盟仍然有独立的贡献。Joyce（2000）等人研究发现由“客体关系质量”（quality of object relations，QOR）测量的人格因素是角色期望与工作同盟之间关系的调节变量。QOR 上得分较高的当事人被视为在人际关系上较为“成熟”，如果这些当事人在角色期望上得分较高，则在治疗中工作同盟不易产生变化；而 QOR 上得分较低的当事人被视为在人际关系上“不成熟”，他们对治疗师的角色期望与治疗师评定的角色期望的一致性越高，则在治疗中工作同盟越容易产生变化。最近一项研究在当事人第一次治疗会谈前测量当事人的角色期望（用 EAC-B 测量），在第三次会谈测量工作同盟，结果发现，在控制其他变量后，当事人的投入程度能预测工作同盟的三个维度，而助长条件和咨询师的专业性与工作同盟无关（Patterson & Anderson，2008）。

第 6 章　心理治疗中的止观（禅）

我一直断断续续练习止观。其间有一些自我觉察。比如，说观法空，意思是说人会执着于法，以法为实相。我联想到，或许好研究就是执着于有一个实在的道理。如果在静坐中思维，会比非静坐中思维更能感受到这个道理的力量。比如，观受是苦，稍微念及性兴奋的感觉，观此受为苦，那个瞬间会真觉得如此。又念及爱恋的感受，被人夸奖的感受等，更是贪念，贪后是苦。因为不能一直在爱恋的感受里，也不能一直在被夸奖的感受里，随后就能感受到苦。我曾领悟过罗杰斯的“机体智慧”究竟是什么。但以此观之，“机体智慧”的指向恐怕还是乐受。在静坐中观苦恼之事，则不感觉到那么苦。这些观因为止的程度不够，所以力量微弱。但比较日常的文意学习而言，已经是一种深度的自我倾听了。

在心理治疗中，止观练习让我一直有一个念头，即有效的心理治疗有止的成分，也有观的成分。从心理病理上看，不少来访的当事人处于焦虑状态里，焦虑状态是他们症状的催化剂，又使他们难以面对并觉察内心。因此，我设想，应该让大多数当事人首先学习“止”，以降低焦虑。这就好像在一堆沙地上建立一个牢固的工作平台，又似在泥泞沼泽里找一个落脚处。在此基础上再来进行会谈，会取得事半功倍的效果。能够和内心烦乱保持距离，对之进行反观并探索讨论，是治疗取得效果的重要前提条件。许多失败的治疗，失败之处在于“止”。

心理治疗家一直在从佛学中汲取营养（例如弗洛姆与铃木大拙，荣格与藏传佛教等）。就我对“止观”粗浅的认识，一个念头反复在我脑海中出现，“止观”或许具有足够的概括度，能通于有效的心理治疗，是有效心理治疗的两个基本维度。看多种心理治疗的理论，无论精神分析、人本主义还是认知行为，都是在讲“观”，而很少提及“止”的内容。但共同要素的一些研究，多少还是通于“止”的精神，只不过从西文翻译过来，又多是研究报告，往往难见其简单的本质。

佛学的止观与我用来解析心理治疗过程中的止观不完全是一个含义。所以，我先说经典中止观的含义。如果读者能有些练习，能有些体会，或许更容易理解我对弗洛伊德治疗片段的解释，更容易理解我当代心理治疗流派的“止观”分析。

6.1　止观的含义

先说止。止用心理学的话来说，是注意（attention）。日常的行为或者认知活动，都需要以注意为基础。认知心理学家提出工作记忆（working memory）模型来研究注意的诸种现象。以往的大多数研究，以认知对象为主，比如算数，或者空间的旋转等。近来，也开始研究情绪的加工，比如让被试看见一张愤怒的脸。人对一个对象的注意，往往转瞬即逝，又转向注意别的事物去了。心理学家研究的对象便是那个瞬间的注意，或者说几秒的注意。这不叫止，但是，这种现象是止的基础。佛学的“止”问了一个不同的问题，心如果注意于一个对象（所缘境），到底能注意多久并且不受干扰呢？这样一问，就会发现很多问题。原来人不能如意地控制他的注意力。对此，弗洛伊德的解释是，人的无意识决定了人的大多数行为，这些行为好像是由无意识决定的；所谓无意识，也就是不能自主控制注意力的意思，或者换句话说，就是不能自主控制自我觉知（self-awareness 或者 self-consciousness）的意思。

止的目标就是要如意地控制注意力以至于始终（注意是始终），保持自我觉察（可以参考九心住的等持心）。对大多数人而言，这非常地困难。佛学假设人或者凡夫的心从无始以来是动乱的。这是一个假设。心的动乱有许多表现，最为主要的表现是向心外攀缘、执着或死死抓住外缘而不自知。当然，心总得有个活动的对象，这个对象叫“所缘境”。这个所缘境往往在我们的身体之外。在身体之内，同样有“所缘境”。只是通常不如此说而已。《成唯识论》：“虽观事理皆不离识，然此内识有境有心，心起必托内境生故；但言唯识，不言唯境。”一人静思时，往往心念骤起，便缘于诸多内境（内境，就是内部表征）。

如果不相信心是动乱的假设，不妨试着数自己的呼吸，尝试没有其他念头，或者完全专注于自己的呼吸中，而没有走神。如此这般，看能数到几？……如此动乱之心，如何能不烦乱呢？所以，心才是烦乱之源。因此，有必要让心静下来。止是让心静下来的方法。

《摄大乘论》云禅或静虑：又能消除所有散动及能引得内心安住，故名静虑……消除令心散动的不善法（五欲、五盖等），引得内心安住一境，不驰求于外，令内心得到安隐寂静的喜乐（妙镜法师，禅的名义，2001）。也就是说，心的散乱来自“令心散动的不善法”，而将心安住于某一个所缘境的练习，就是止。止有深浅的不同，乃至高深的境界。这里说“引得内心安住一境，不驰求于外”，是止的一种相貌，内心安住一境，可以是一个小时，也可以是两个小时、三个小时或者更长。止的这种相貌，在《瑜伽师地论》（卷 30）中有清楚的说明：

“云何止。谓九种心。

云何名为九种心住。谓有令心内住等住。安住近住。调顺寂静最极寂静。专注一趣。及以等持。如是名为九种心住。

云何内住。谓从外一切所缘境界。摄录其心系在于内令不散乱。此则最初系缚其心。令住于内不外散乱。故名内住。

云何等住。谓即最初所系缚心。其性粗动未能令其等住遍住故。次即于此所缘境界。以相续方便澄净方便。挫令微细遍摄令住。故名等住。

云何安住。谓若此心虽复如是内住等住。然由失念于外散乱。复还摄录安置内境。故名安住。

云何近住。谓彼先应如是如是亲近念住。由此念故数数作意内住其心。不令此心远住于外。故名近住。

云何调顺。谓种种相令心散乱。所谓色声香味触相。及贪嗔痴男女等相故。彼先应取彼诸相为过患想。由如是想增上力故。于彼诸相折挫其心不令流散。故名调顺。

云何寂静。谓有种种欲害等诸恶寻思贪欲盖等诸随烦恼。令心扰动。故彼先应取彼诸法为过患想。由如是想增上力故。于诸寻思及随烦恼。止息其心不令流散。故名寂静。

云何名为最极寂静。谓失念故即彼二种暂现行时。随所生起诸恶寻思及随烦恼能不忍受。寻即断灭除遣变吐。是故名为最极寂静。

云何名为专注一趣。谓有加行有功用。无缺无间三摩地相续而住。是故名为专注一趣。

云何等持。谓数修数习数多修习为因缘故。得无加行无功用任运转道。

由是因缘不由加行不由功用。心三摩地任运相续无散乱转。故名等持。”

对以上文字做简单说明。前四种心，内住、等住、安住、近住基本上是止的方法，描述了练习过程中“心的动作”心行的相貌，还不太有观的内容。从调顺开始，似乎就有观的内容了。这是因为在止的过程中开始使用佛法的道理呵斥色、声、香、味、触相，及贪嗔痴男女等，用这样观的方法可以令心不流散。寂静心似乎也有观的内容。同样的道理，寂静心中也开始使用佛法的道理呵斥五盖。但到了专注一趣和等持，似乎又完全是止了。从练习的相貌和进步的阶梯上讲，得了九心住所描述的等持后，可称为“欲界定”。

天台智者大师在《释禅波罗蜜》里边把止分成三种来介绍，分别是系缘止、制心止、第和体真止。从对“三止”的解释来看，止都有观的含义。

一、体真止，诸法由因缘而生，因缘假和合之法体为性空，止息一切之攀缘妄想者。证空理谓之体真，空即真也。是对于空观之止也。二、方便随缘止，又名系缘守境止。菩萨知空非空，停止于诸法幻化之理，分别药病化益众生者。知空非空谓之方便，分别药病随缘历境谓之随缘，安住假谛之理而不动，谓之止。是对于假观之止也。三、息二边分别止，又名制心止。第一止偏于真，第二止偏于俗，俱不会于中道，今知真非真，则空边寂静。知俗非俗则有边寂然。即息真俗之二边，而止于中谛者。是对于中观之止也。已上三止前后次第。为别教之三止。三即一，一即三，三相即为圆教之三止。止观三曰：“此三止名，虽未见经论。映望三观，随义立名。”（丁福保，1922 年，《佛学大词典》“三止”）

如何能让止的功夫有所进步呢？止观有依义、住义。《解深密经·分别瑜伽品》云：尔时，慈氏菩萨摩诃萨白佛言：“世尊！菩萨何依何住，于大乘中修奢摩他、毗钵舍那？”佛告慈氏菩萨曰：“善男子！当知菩萨法假安立及不舍阿耨多罗三藐三菩提愿为依为住，于大乘中修奢摩他、毗钵舍那。”（说明：奢摩他是止，毗钵舍那是观。）这段话的意思是说要借助经论（菩萨法假安立）和发菩提心为为依为住。佛法讲究因缘生法，止观的依托因缘有两个，一是佛说经论，二是发菩提心。这里头似乎也有说借助观的力量。学习经论，以佛法的智慧去观，这样不仅能升起信心，还能在止中观，以破坏烦恼根源，从而使得止的练习有所进步。发菩提心则是要逐步破除“我见”，生大悲心，生成佛的心。这也是促进修止进步的因缘。

止与观是相辅相成的关系。《大智度论》云：问曰：是三种：以智慧观空、观无相、观无作。是智慧，何以故名三昧？答曰：是三种智慧，若不住定中则是狂慧，多堕邪疑无所能作；若住定中，则能破诸烦恼，得诸法实相。复次，是道异一切世间，与世间相违，诸圣人在定中得实相说，非是狂心语。复次，诸禅定中无此三法不名为三昧。何以故？还退失堕生死故。（转自妙镜法师，禅的名义，2001：206）。这段话的意思是说佛法的智慧“若不住定中则是狂慧，多堕邪疑无所能作”，是“诸圣人在定中得实相说，非是狂心语”。当然，“以智慧观空、观无相、观无作”是一个高深的境界，但同时有定，所以叫作“三昧”。从世尊（指释迦牟尼佛）的观点看，止的功夫再高，得了“四禅八定”，若不能以佛法智慧练习“观”，仍然是生死凡夫，反而可能有更多的“我见”，而不是“无我”。但佛法的智慧又必须在甚深定中才能了别，所以要“定内修观”。若不在定内，或没有定，一定会曲解佛的意思（多堕邪疑无所能作）。

止观是禅。对普通人而言，止的修行，从次第上讲，不会超过九心住，或不会超过九心住的内住、等住、安住、近住。但要究竟“无我”，产生“出离心”，以之为目的，则成为出世间法，是宗教的目的了。这些次第止观法的在于“解脱生死”，显然并非仅为了普通人而设立。但即使如此，修习止也能给人带来极大的利益。最近，得益于卡巴金等人的工作，源自南传小乘佛教的“正念”开始流行。不少研究表明，简单的正念练习可对身体康复、心理健康等产生极大的效益。但需要留意的是，正念练习的宣教，与佛教止观的目的不同。也就是说，正念借用了“止”的一些方法，但是“观”的部分则与佛教里的“止观”大相径庭。

6.2 弗洛伊德的“结”

阎浮车问舍利弗：“所谓缚者，云何为缚？”

舍利弗言：“缚者，四缚，谓贪欲缚、瞋恚缚、戒取缚、我见缚。”

阎浮车问舍利弗：“所谓结者，云何为结？”

舍利弗言：“结者，九结，谓爱结、恚结、慢结、无明结、见结、他取结、疑结、嫉结、悭结。”

阎浮车问舍利弗：“所谓使者，云何为使？”

舍利弗言：“使者，七使，谓贪欲使、瞋恚使、有爱使、慢使、无明使、见使、疑使。”

阎浮车问舍利弗：“所谓清凉，云何为清凉？”

舍利弗言：“清凉者，五下分结尽，谓身见、戒取、疑、贪欲、瞋恚。”

（《杂阿含经》四八九（四九零））

“结”这个词，指烦恼，像打结的绳子一样，难以解开。作为比喻，“结”束缚了人的心。在原始佛教体系中，结以多种方式束缚人心。弗洛伊德的烦恼包含在这些结当中。从他本人的经历中（改编自《心理学的故事》，灵魂深处的探索者：弗洛伊德），我们了解到：弗洛伊德一辈子对金钱有一种焦虑感，许多年里，他自己的原生家庭都在艰辛中度过。弗洛伊德更是双重的局外人，父亲抛弃了祖辈东正教信仰。弗洛伊德虽是犹太人，但却是“没有上帝可言的犹太人”，不属于任何宗教团体，也不参加犹太社区的任何活动。当然，弗洛伊德本人相当聪慧，会读书。上学期间（1882年），爱上了妹妹的一个朋友，名叫玛莎·柏雷恩的姑娘，并希望与她结婚（弗洛伊德和玛莎·柏雷恩于1886年结婚，婚后育有六名子女）。可是，那时弗洛伊德还没有自立，无法保障一个家庭的生活。一个可行的办法是去私人诊所工作，但必须要获得临床的专业资质。于是，在接下来的三年里，弗洛伊德一直在医院进行着孤独和艰苦的工作，绝大多数时间只有依靠邮件来表达他对玛莎·柏雷恩的情感。这些邮件多是情意绵绵、充满爱意，只有少数几封，才透露出他内心的狂乱。例如：“一直以来，我感到无所适从，接着是没完没了的情绪低落，一天接着一天，像是一种反复发作的疾病，看不出有什么明显的原因。”

弗洛伊德在1896年，发表了他的“诱惑理论”，其主要观点是歇斯底里、恐惧和偏执都是精神冲突的一个结果。精神冲突源自儿童时代一些性的感觉，这些感觉往往来自成人，保姆、管家妇、教师、兄长，还有父亲。弗洛伊德原以为这个理论会得到热烈的反响，可是，反应却平淡如水。甚至在接下来几个月里，他的同行也不再给他推荐病人了。他再次感到被孤立。同年，他的父亲去世，这让他感到被“连根拔起”。虽然这时的弗洛伊德已经自立，住在宽敞的公寓里，可是他仍然感到压抑和焦躁不安。这时，弗洛伊德已经广泛使用了自由联想法来治疗病人，这让他和他的导师布洛伊尔间的友谊分崩离析。他担任了大学的讲师职位，可职称一直上不去，不是“教授”。于是，弗洛伊德的精神症状开始加剧：担心钱的事情，担心心脏病，挥之不去的死亡念头，虽然非常想去罗马但又有无法解释的恐惧感。

为解决这些症状，弗洛伊德自1897年的夏天开始了自我分析，一直到1900年。然后，在他后来的岁月中，弗洛伊德还坚持把每天最后半个小时用来分析自己的情绪和体验。他找威尔汉姆·弗里士来做他的代理分析师。这里没有什么严格的设置，只是有人能听他那冗长的自我分析。威尔汉姆·弗里士是他可以信赖的人。弗洛伊德的做法是每天花时间用自由联想和回忆每天晚上做的梦，来寻找隐藏的回忆、早期的经历和隐藏在每天的愿望、情感、说话走题和琐事后面的一些动机。这个工作很困难。弗洛伊德在给弗里士的信中说："在我的内心，我现在体会到了我自己作为第三方看到在我的病人身上所经历的所有事情——一天接一天，我陷入情绪的谷底，因为这天的梦、幻想或者情绪，我一点儿也没有理解，可在别的日子里，当一束亮光把一种连贯带到图景之中时，以前消失的一切又一次作为目前的铺垫而显示出来。"

在这样的内省中，弗洛伊德发现了一些因为令人难堪或者会产生内疚感而深藏起来的记忆。比如，他在儿童期对一位兄弟的嫉妒。这位兄弟在摇篮期就夭折了，嫉妒的情感让弗洛伊德深感内疚，好像是他的嫉妒杀死了这个兄弟。他对父亲既爱又恨的情感。有一个时期，据他说是两岁半的样子，他看见母亲的裸体，而且感觉到了自己的性冲动。在这样的自我分析中，弗洛伊德发现，儿童期会有很强烈的性感觉，特别容易受到异性父母的性吸引。现在，弗洛伊德理解了为什么那么多病人都说自己在儿童时期受到过"引诱"：与其说是实际的引诱，还不如说是儿童期的幻想。虽然这个理论引来了更多敌意，更多孤立，且对他的经营不利，但弗洛伊德还是将之公布出来了。

如果完全以弗洛伊德的理论来看他的经历，我们只能看到弗洛伊德的理论。如果以弗洛伊德的成就来看他的经历，我们只能着于"我执"，因为你只认同了他的成就。现在让我们转换一下语境，用“结”和“伏结”的视角再解读弗洛伊德的这段经历。弗洛伊德有很多苦恼。从其传记中看，就是说，有很多欲望，比如对钱的焦虑，对玛莎·柏雷恩的爱意，当然，还有社会团体的接纳。弗洛伊德有意努力地觉察自己的欲望，并且结合他的工作，而变得越来越精细。虽然如此，早期弗洛伊德在欲望之“结使”下，仍然常感到焦虑，甚至会出现多种精神症状。从弗洛伊德的简短经历中乍一看，似乎他对玛莎·柏雷恩的爱意和对金钱的苦恼左右了他的职业生涯，可是这无法解释为什么他的理论引来更多敌意时，他仍然坚持着要发表。所以，贪欲与爱还不足以了解他的动机。从他苦恼职称和名誉的事情来看，他还是非常介意孤独和社会接受度的，不完全来自他的家庭责任感。

弗洛伊德除努力工作外，还用自我分析来解决自己的精神症状。据弗洛伊德研究学者的看法，他的自我分析有一些对他自己的好处，但并不神奇。这些好处从哪里来呢？首先，得有一位他可信赖的人愿意接纳他的一切奇思妙想，以及冗长的自我分析叙述；这样的一种关系具有“止”的作用，可极大程度地降低焦虑。其次，他得有极大的精神注意自己的内心动作，诸如情绪、体验和梦等；这种自我分析需要集中注意力，且对涌现出的念头、情绪、幻想和梦保持开放的态度，并试图了解它们。我们很难知道弗洛伊德是在何种身心状态下完成的，是否有“止”，“止”到何种程度，但我们可以看见他作为“第三方看到”这样的注意，其实就是“止”。当弗洛伊德说“当一束亮光把一种连贯带到图景之中时”，这显然提示他获得了一种“领悟”，整体地觉察到了之前未曾觉察的部分。再次，在当时的社会条件下，弗洛伊德能觉察到对母亲的性冲动，自己的内疚源于对夭折兄弟的嫉妒心等，在一定程度上是“远离”“悬浮”式的觉察和接纳，而未有自动的道德评判束缚。这与“正念”的精神内核（例如，“接纳”

出现的任何念头）高度一致。

6.3 弗洛伊德治疗中的“止观”

人们用精神分析情境来说明精神分析的条件。精神分析情境常包括三个要素：病人、治疗师和设置。精神分析情境要求病人须有强烈的动机。这里有一点特别重要，即要求病人能在不伤害自己、不破坏分析情境的情况下体验这些反应，要求病人对自己的“心理痛苦”具有一定的忍受力，并且还能面对它们。精神分析情境还要求病人具有一定的自我功能，他能或多或少、反复地执行多对相对独立的自我功能，能够在它们之间跳跃，甚至将它们混合。在分析之外，他必须既是体验者又是自我观察者，既被动又主动，既相对自由又受约束。精神分析的设置有不同的变化，无论何种，都是一种可预期的程序，包括治疗的频次，每次会谈的时长，谈话的方式等。这些程序会很稳定，让病人体会到一种安全感。对分析师而言，则常常要求他们保持中立和匿名的态度，即在治疗中，他们的“我”很少出现。如果达到了精神分析情境的要求，通常病人和治疗师会进入“工作状态”。工作状态是对病人内心世界有意义的探索和分析解读，病人常常会获得小的领悟，并因此而有恍然大悟、震动、震惊的感受。某些“结使”在这样的解读中会被破坏。这三个要素的核心在于“止观”。我们以《少女杜拉的故事》（1904 年）来看这个过程。

1891 年，弗洛伊德治疗过杜拉的父亲。6 年后，杜拉的父亲把他不愿就诊的女儿带到了弗洛伊德的诊所。弗洛伊德每星期为杜拉治疗 6 次，直到 1901 年元旦才告结束；他把每次治疗情况都完整地记录下来。每天晚饭后，他都写下白天的工作内容。杜拉来诊时 18 岁，身材高大，发育良好，眼神里有种玩世不恭的感觉。杜拉 10 岁那年，有一次偶然听到父母在卧室里的谈话，知道父亲得过性病。这让她很担心自己受传染，从而变得整天忧心忡忡。12 岁时，她患了周期性偏头疼；后来又患神经性咳嗽。杜拉来诊时，已经发展到无法讲话的地步。杜拉辗转过十几位医生之手，但毫无起色，杜拉便开始嘲笑这些医生无能。她和父母吵架；写了张遗书丢在桌上，然后割腕，但没下去手。当父亲责备她时，她当即在他脚边昏死过去。

杜拉的父亲和克劳斯太太有着多年的暧昧关系。他们经常一起去旅行，杜拉父亲出差时，他们就在别的城市里幽会。杜拉瞧不起母亲，说她是尽爱收拾屋子的“家妇”，却十分崇拜克劳斯太太。克劳斯先生听说了这件事，但他没有采取行动阻止他们的关系。杜拉也很喜欢克劳斯先生，后者也喜欢她；她 16 岁时，克劳斯先生邀他的妻子和杜拉到他的办公室去，说是在那儿可以清楚地看到教堂节日盛会的场面。杜拉到了办公室后才知道，克劳斯太太待在家里没来，其他职员也都回家过节去了。克劳斯先生让杜拉在楼梯门前等他。过了一会儿，他过来，搂住杜拉，一阵热吻。杜拉向弗洛伊德医生发誓说，当她挣脱开，跑到街上时，她只觉得恶心。

后来，杜拉和父亲一起去克劳斯夫妇的乡间别墅住了一阵。有一次她和克劳斯先生外出散步，克劳斯居然毫不掩饰地向她提出性要求。杜拉把这件事告诉了母亲，并要求父亲与克劳斯家彻底断交。当杜拉的父亲当面质问克劳斯时，他矢口否认，并暗示说杜拉已对性问题着了迷，说她读过曼特加扎的《性爱生理学》和克劳斯家中所有其他描写性爱的书。克劳斯把杜拉指控他的性猥亵说成是杜拉的幻想。这以后杜拉的身体愈来愈糟了。

杜拉的基本情况就是这样。下面我们来看两个治疗片段：

“杜拉，你是不是压抑了使你痛苦或使你害怕的那个记忆，故意以上身代替下身，因为你觉得这样说不太害臊？”

“我不明白你到底是什么意思，医生先生？”

“当克劳斯先生那么热烈地搂抱你时，你不仅感觉到他的嘴唇贴在你的嘴唇上，还感觉到他那硬东西顶住了你的身体。”

“这简直令人作呕。”

“‘令人作呕’这个词表示了道德评价。我们现在所要寻求的是事实。全部的事实，数年来这些事实把你从一个聪明、可爱的少女折磨到忧郁、孤独，与父母争吵，企图自杀的地步。难道我们不应该怀疑，当你被克劳斯先生搂抱时，你是由于忽然产生一种以前有过的类似感觉才逃走的吗？”

“我既不同意又不否认。”

星期一早晨，杜拉又开始接受新的一周治疗。弗洛伊德一见到她就说：“你对我说过你的咳嗽发作总是持续 3 ~ 6 个星期。克劳斯先生出差时，通常在外面待多长时间？”

杜拉脸红了：“3 ~ 6 个星期。”

弗洛伊德：“难道你还看不到，杜拉，你通过自己的病表现出你是爱克劳斯先生的，甚至当克劳斯先生回到他妻子身边的时候，你也在爱他，因为他妻子老是卧病在床，不愿尽妻子的义务。你现在的病的动机也是如此；你希望通过病来达到某种目的。”

杜拉：“能达到什么目的呢？你把我当成傻瓜了吗？”

弗洛伊德：“不，杜拉，你是个很有头脑的姑娘。但就连最聪明的人有时也会弄不清自己的动机。你还想尽力让父亲与克劳斯太太一刀两断。你在这方面的努力已有相当一段时间了。如果你能利用自己的病说服父亲和克劳斯太太分手，你就达到目的了。既然你明明知道你的父母已经多年不相亲相爱了，你为什么还把父亲与克劳斯太太的关系说成是‘一般的风流韵事’呢？”

杜拉：“她只是因为我父亲是个有经济能力的人才爱他的。”

弗洛伊德："你是说他给她钱和礼物？"

杜拉："是的。她买的贵重物品，她的生活条件大大超过了她丈夫的经济能力。"

弗洛伊德："你能肯定你真正想说的不是恰恰相反吗？你是想说，你父亲是个没有经济能力的人：也就是说，他没有性能力？"

这一提示并没有使杜拉难堪。她答道："是的，我早就希望着父亲没有性能力，这样他们之间就不会发生性关系了。不过我也知道满足性欲的方法不止是这一种。"

弗洛伊德："你是不是说可以用嘴来满足？你不久前曾对我说，你在四五岁前一直都吮手指头。这个知识是从哪儿得来的呢？是不是从曼特加扎的《性爱生理学》得来的？"

杜拉："我真的不知道，医生先生。"

弗洛伊德："你想到满足性的其他方式时，是否指你身体那些经常感到刺激的部位，你的喉咙和口腔？你的咳嗽是不是表达性欲的一种方式？你的无意识是否把性刺激集中在这个地方，而不是在生殖器上？"

杜拉的咳嗽消除了。几天以后她说："起初我对你使用那些词语来描绘人体某些部位的做法感到震惊和生气；可待谈论这些部位时表现出一种临床式的态度……"

弗洛伊德："你是说，毫无正派社会里谈论这种话题时的色眯眯的程度……

杜拉："是的。我敢肯定，有许多人要是听到我们的谈话都会感到震惊，可是我认为你的治疗要比我听到父亲的朋友之间的谈话体面得多，也比克劳斯的朋友之间的谈话体面得多。"

片段一：弗洛伊德解释了"令人作呕"是一种道德评价。他怀疑杜拉说上半身其实是在说下半身，道德评价让杜拉忽视了下半身感觉到硬东西的事实。这无疑是一种“观”。与聚焦式的观不同，弗洛伊德的“观”源自他本人的理论，源自他本人自我分析的经验，因此具有很强的覆盖性，不完全来自病人的内部。弗洛伊德不处在辅助性的位置，而是处在引导性的位置。我想，这是传统精神分析和现代精神分析的分界点。可是，如果病人常常这样忽视，缺乏“观”的基本能力，这样覆盖性的解释还是具有“棒喝”的作用，让杜拉感到震惊。

片段二：弗洛伊德故技重施，认为经济能力是性能力，而杜拉的真实意愿则相反，她希望父亲没有性能力，她希望父亲结束与克劳斯太太的关系。之前十几位医生都没有看出来，这让她有些沾沾自喜，又有点玩世不恭。但现在弗洛伊德看出来了。这很难说是多么深的无意识。不过，“反向”的观法却同样产生了效果，杜拉这次不再说既不肯定，也不否定，而是直接承认了这点。治疗接着转向杜拉“神经性咳嗽”这一症状。咳嗽是表达性欲的方式，当克劳斯先生出差时，她不能看见他，性欲便以咳嗽的方式表达出来。虽然杜拉非常聪明，可是她自己却不知道这才是她真正的动机。一经点破，杜拉的咳嗽就消除了。

这一段尤其值得注意的是杜拉几天之后的反馈：“我认为你的治疗要比我听到父亲的朋友之间的谈话体面得多，也比克劳斯的朋友之间的谈话体面得多。”这至少能让我们了解，杜拉在生活中对这些和性有关的信息非常敏感，致使她长期暴露在这样的信息当中。这些信息让杜拉的身体产生了莫名其妙的感受，所以杜拉有一部分努力是在了解这部分感受的意义，这便是杜拉的需要。弗洛伊德的观法恰好满足了杜拉的需要。第二是杜拉感觉到“体面”，这是一种临床式的态度，这样谈论的方式是“悬置式”的谈法，能联结到身体的感受，但身体没有那么多似乎在场时的感受（创伤般的身临其境），这样腾挪出来更多的空间，可以有更多的力量觉察这些感受，让这些感受获得意义。所以，在这个治疗片段中，有一种对创伤般的身临其境观其为空的态度。身体莫名的感受消失了，骚动不安的内心平息了，咳嗽也消失了。这就是观的力量。

精神分析情境的设置，固定的时间、地点，可以信赖的治疗师，为了协助病人解决困扰来谈目的，会谈的内容，会谈时深度的情绪卷入以及严肃认真的态度，这些都在实际上给予了病人极大的“安全感”，也给予了病人信心和希望。病人自我的优秀部分开始建设性地而非防御性地工作。这不是什么难事。她可以容忍自己的痛苦，能把自己内心的思维分为几个不同的部分，能沉浸在这几个不同的部分里，又能跳出来，观看每个部分究竟在做什么，每个部分的关系如何，等等。要能做到这点，无疑需要“止”的力量。杜拉需要在基本上是平静的、不那么焦虑的状态下才能完成这些工作。

弗洛伊德的治疗中止与观不那么容易分开，有止的做法，有观的做法。在某种意义上，大多数的治疗时间发挥的都只是降低焦虑的作用，这是止。但你不能说在病人自由探索内心世界时没有观。在治疗中的某些突然领悟的时刻，其实是观的“破坏性”作用，烦恼的“结”被降伏了。仅仅有支持和陪伴，仅仅有全身心的倾听，不会有究竟的“破坏性”，究竟的破坏性的力量还是来自观。用精神分析的话来讲，是解释。但治疗师在解释时，恐怕要看病人的整体状态是否定在那个让她困扰许久的“结”上，是否已经开始松动。这种定或许仅仅存在于治疗性会谈所创造的上下文中。否则，即使是一句正确的话，根本难以进入病人的内心。这是说，观的力量要以止的力量为前提。

6.4 当代心理治疗中的“止观”

6.4.1 聚焦

聚焦是简德林[①]在20世纪60年代发展出的一种操作性的心理治疗程序，是一种身体的方法，当时他称之为“体验性聚焦”。简德林不认为聚焦是一种完整的治疗方法，仅把聚焦看作治疗过程中的一个子过程。

简德林是芝加哥大学的教授，曾与著名人本主义者罗杰斯共事。罗杰斯在1987年去世。1988年，由简德林撰写的一篇简短悼文发表在《美国心理学家》上。由此可见，他与罗杰斯非常熟悉。简德林在公众心目中的形象更多的是心理治疗师，这主要得益于他的聚焦。

实际上，简德林更是一位哲学家。简德林的聚焦与现象学有着密切的联系。简德林曾在《非逻辑方法的现象学》[②]中阐述了他与海德格尔的关系。但简德林的理论似乎与梅洛·庞蒂的哲学有更直接的联系。

简德林在《体验与意义的创生》（*Experiencing and the Creation of Meaning*）一书的前言中写道：“现在，哲学已经走到哲学出发地的边缘处。这个大问题还未被广泛知晓，但在当今各种所谓‘后现代’的争论中，多数哲学和学科都在这个边缘打转。这个大问题是进入诸种概念（诸种逻辑形式、特征、公式、算法、计算器、类别、模式……）如何和体验（诸种情境、事件、心理治疗、元语言、实践、人的复杂性……）联系在一起。或者，我们可这样表述：体验（……）如何形塑着我们的各种认知和社会活动。”

---

① Eugene T.Gendlin（1926–2017），美国哲学家。

② *Phenomenology as non–logical steps* In E.F.Kaelin & C.O.Schrag（Eds.），Analecta Husserliana，Vol.XXVI.American phenomenology.Origins and developments.Dordrecht：Kluwer，1989：404–410

在中译本的《聚焦心理》（2009）序言中，简德林写道：“身体是潜意识……这种身体性知晓（bodily knowing）可以在更为宽广的层面上进一步深入下去。你可以学会如何将一种更深入的身体性体会（bodily felt sense）和任何一个特定的情境联系起来。你的身体‘知道’你的每一个情境的整体情况——比思维更宽广和更多角度。在此，你找到了一个错综复杂的身体性认知和一个你想要到达的一个新阶段，而且如果你可以等待的话，这个新阶段将会到来。……你的身体不是一部机器，而是不可思议地和你身边的事物错综复杂地相互联系着，所以它才能比你现有的存在‘知道’更多。”

简德林将聚焦理论基础表述为三点，从中我们可以清楚看到聚焦与梅洛·庞蒂理论的关系（参见第一章）：1. 人用身体和他人与环境互动，就像呼吸是身体与环境的互动一样。2. 身体感受到的情境或问题是前言语和前概念水平的，可以用多种方式而不是一种方式架构这些身体感受，这些身体感受不能和任意一个口头或概念模式等同。注意它或从它中说是又一个活动，是又一个构架，从而能“带着前进”。如果身体产生了又一个活动，人就感受到了体验性的效果。3. 体验性的身体过程通过行动和反馈得以前行（Gendlin，1969：8）。

简德林的哲学思想与梅洛·庞蒂的哲学一致，重视身体整体的体验，重视身体与情境的交互作用过程，并把身体体验提升到概念、意义形成和社会活动中的核心。实际上，简德林的聚焦操作过程能很清晰呈现梅洛·庞蒂所论述的情境如何提供实践意义，又如何导致一种身体认识，并被体验为开放性情境的。

聚焦的实际操作过程看起来很简单。在聚焦实际操作前，当事人须明白以下几点：首先，停止内部语言或者无声的自言自语，而是问，哪里出错了，然后保持沉默。自己不要回答哪里出错了，等着身体的反应，倾听身体的反应。其次，要相信“词汇或话会从感受中浮现。词汇无论如何都会跑出来。让词汇在心中自由来去，除非词汇来自‘感受’”。这话对东方人而言比较容易理解，但对西方人而言不容易理解。再次，将问题当作一个整体，让整个身体感受问题，直到问题的主要方面让你感到新奇。

聚焦手册的最初版本共有 6 个操作步骤，一轮下来大概需要 6 分钟。第一步：是感受问题的整体（30 秒）；第二步：注意感受直到有特别的感受跑出来，注意这个特别的感受（1 分钟）；第三步：继续跟随一个感受，等待图像或词汇跑出来（1 分钟）；第四步：如果这个感受改变了，让它改变，跟随改变了的感受并注意它（1 分钟）；第五步：看看什么是新奇的，试着用新的词汇或图画抓住你现在感受到的（1 分钟）；第六步：如果词汇或图像有新的不同，看看不同在哪里，让词汇或图画改变直到他们能完全刚好抓住你的各种感受（1 分钟）（Gendlin，1969）。在中译本的《聚焦心理》中，改进版的聚焦步骤有 6 个，分别是腾出空间、体会、获得把手、交互感应、叩问和接纳。

这些步骤里有几个问题需要说明：首先是有意地保持安静，保持注意力，在有意聚焦和安静中，让那些什么跑出来。其次是注意现在的感受为何而不是回想过去的感受或经验。第三，感受不是情绪，而是感受意义，用身体感受意义。

如果要说，简德林的聚焦方法与佛教有直接的关联，这恐怕有些牵强。他的哲学传承是典型的西式哲学。不过这样的西式哲学在相貌上已经开始接近东方智慧：哲学不再是一个职业，而是一种生活方式。聚焦与他的哲学思考是相辅相成的关系。或者说，聚焦就是他的哲学。聚焦方法本身，诚如简德林本人所言，只是有效治疗过程的一个要素。他试图让人们认识到在心理治疗实践中，“身体”体验是治疗有效的重要因素。按照罗杰斯开创的传统，他对“身体”对治疗过程的体验进行了一些实证研究。结果发现，随着治疗的进行，体验水平不断提高，并且体验水平能够预测治疗成功与否。以笔者的观点看，这个聚焦过程，本质在说心理治疗共同要素中的“止”。

简德林没有和罗杰斯一样不去试图建立一个“宗派”，他培训了很多聚焦训练师，试图让聚焦成为一种社会活动和生活方式。罗杰斯拒绝这样做，他相信好东西没有什么可以去限制它。人本主义思想已经渗透在整个心理治疗行业的每个角落。但要说简德林的聚焦是人本主义的新发展，这个说法也值得商榷。因为如果是新发展，必定在理念上和方法上有质的突破。说聚焦过程是有效治疗过程的一个要素，在所有有效治疗中都有类似的过程，这种说法倒是符合心理治疗的整合趋势。

聚焦方法或许不太适合严重的病人或者生物学因素占主要病因的病人。文献中很难找到聚焦方法循证的证据。聚焦方法或许更适合具有烦恼的普通人，或生活在现代社会具有巨大压力而无暇照顾自己内心的人。聚焦方法或许也适合咨询师的自我成长。不断叩问身体的过程会逐步让身体智慧显露无遗，而所谓“内心”或内心觉察会在此过程逐渐显现，不断深入。

在具体方法上，聚焦和止观可以做一些简单、粗浅的比较。从《聚焦心理》描述的例子来看，聚焦法似乎偏“观”一点，这和南传佛教强调“观”有一致之处（例如，行禅），其目标在于“止”的能力，而并非大乘止观（禅）的观的含义（例如，天台宗的法空观）。聚焦在意身体“恍然大悟”伴随轻松、喜悦的感觉。尤其是“叩问”的做法，有点类似于九心住的近住法：由此念故数数作意内住其心，不令此心远住于外。所谓“数数作意”，是指不断地叩问内心，我的心是安住于当下的所缘境吗？“叩问”则是在说有新的东西跑出来吗？我的身体对新跑出来的东西有感觉吗？在这里，简德林相信身体的回答，而大乘止观则相信教义中的“圆满智慧”，相信“身体”能终究和教义中的描述相应。

6.4.2 接纳承诺疗法

Hayes① 将接纳承诺疗法（acceptance and commitment therapy，ACT）称为行为主义治疗的“第三波浪潮”（中的一种），从理论上说，它是非常“正统”的行为主义疗法，继承了激进行为主义和认知行为疗法的优点，又克服了这两类疗法的不足。同时，不同于激进行为主义和认知行为疗法“机械论”的观点（例如，人被比喻为处理信息的计算机），接纳承诺疗法采用了建构主义和后现代理论的一些观点，不再强调认识“实体”，基于实体建构理论模型，而更多强调情境（上下文）的作用，以及个体的认知行为系统在此情境中的功能作用，试图获得接纳现状和行为改变之间的一种平衡。

第一波浪潮是行为主义。激进行为主义在临床上的一个重要应用是行为分析。根据操作性制约作用的原理，假设机体（比如，小白鼠）在某一个特定环境中（比如，斯金纳箱）有许多行为（假设有10个不同的行为），其中只有“压杠杆”这个行为有食物出现，那么“压杠杆”这个行为出现的概率就会提高。其中食物是强化物。这样就建立了“压杠杆”这个行为和“强化物”这个结果之间的联结（behavior–consequence，B–C联结）。在斯金纳箱中安装两只灯泡，一只为红色，一只为绿色。在建立B–C联结时，首先亮灯，然后如果小白鼠出现“压杠杆”这个行为，随后会出现食物，那么则建立了A–B–C联结。其中A是环境因素（antecedents）。假若小白鼠能够识别红色和绿色。在训练时，如果仅仅绿灯亮时，小白鼠出现

---

① Steven C.Hayes，美国临床心理学家。

“压杠杆”这个行为，随后会出现食物的话，那么则建立了“绿灯—压杠杆—食物”的联结。以后，仅仅出现“绿灯”时，小白鼠才会出现“压杠杆”的行为。如果“压杠杆”是一个“问题”，那么消除的方法有两条路径，一是不再亮绿灯（即改变环境），二是压杠杆后不再出现食物（即改变结果）。

行为分析的基本原理就是这样。早期的行为主义者认为心理治疗应该严格建立在这些基本原理的基础之上。但实际上，行为主义治疗并没有建立在这些原理之上，对干预也模棱两可，是不是这些干预起作用（即因果关系）的科学证据也不足（Franks & Wilson，1974）。比如，用暴露和系统脱敏疗法干预某人害怕蛇这个问题。这意味着在某人过去的生活经历中，建立了某种 A–B–C 联结。暴露疗法和系统脱敏疗法试图削弱这些“联结”。如果某人仍然生活在这样的环境（A）中，这些“联结”又如何能消除呢？某人怕蛇是恐惧反应，这是行为结果（C），而非行为本身（B）。系统脱敏疗法试图通过放松这样的拮抗作用干预行为结果，即恐惧反应的等级。可是行为是什么呢？对毒蛇的害怕反应难道不是自然而然，并不需要什么“干预”的吗？如果行为是某人要捉蛇，曾被蛇咬过，那么行为就是捉蛇。这好像不需要什么进一步的干预。那么“一朝被蛇咬，十年怕井绳”就是一种预期（expectation），是在“蛇的形状”和“预期恐惧反应”之间的联结。这不能为行为分析所解释。

第二波浪潮引入了刺激和反应之间的认知因素。较为接近行为主义基本思想而不容易滑入一味重视认知因素的“认知主义”的理论是 Kirsh（1985）的反应期望理论。他区分了刺激（stimulus）– 反应（response）的不同顺序以及相应的期望类别。按照古典行为主义的观点，刺激与反应之间的联结即是期望。Kirsh 将期望分为四种不同的类别。R–S 期望：特定行为和环境中相应后续结果之间联系的信念；S–S 期望：环境中的刺激线索预测环境中的其他刺激事件（Bolles，1972）；反应期望（response expectancies）是指对出现非随意行为的期望，包括 R–R 和 S–R 两种形式。R–R 指特定行为的后续结果是非随意行为的信念，S–R 指环境刺激的后续结果是非随意行为的信念（Kirsh，1985）。非随意反应指自动发生的反应，不受意志控制，包括情绪反应、性唤起、痛苦等。非随意反应具有积极强化物和消极强化物的性质，因此对非随意行为的期望会影响个体的随意行为（Kirsh，1985）。

Kirsh（1985b）以《自我效能感和期望：新瓶旧酒》为题对 Bandura（1977）的自我效能感和结果期望提出批评。主要论点是：

（1）Bandura 在两种不同的意义上使用结果期望一词。结果期望的第一种含义是觉察到的环境一致性（a perceived environmental contigency），是关于什么导致什么的个人知识（Bandura，1978：238）。第一种含义举例，上了医学院就会有好的收入。结果期望的第二种含义是他们个人行为的后果，而不是他们关于环境一致性的信念。Kirsh 认为这个含义与 Rotter（1954：107）定义的期望含义是一致的，即使有不同，也仅仅是用词上的差别。Rotter 的期望定义是：个体所有的关于某一行为会产生某一强化物的可能性的信念。

（2）从对概念的测量上，Rotter 的期望和 Bandura 的自我效能感的测量方式是一致的，即让被试预测成功完成某一任务的可能性（Kirsch，1985b：825–826）。

（3）Bandura 定义效能感和测量效能感的方式不一致。在接近蛇（隔着玻璃接近蛇）的自我效能感的测量中，Bandura 的测量实际测量的是被试接近蛇的意愿（willingness）而不是效能感。Kirsch 认为接近蛇无所谓效能的问题，每个人都能做到。Kirsch 另外设计了投掷纸球的实验，即让被试站在离纸框一定的距离投掷。与 Bandura 的实验相比较，完成接近蛇任务的奖赏水平（如 5 美元，100 美元）能很容易地改变被试接近蛇的效能感（Kirsch 认为操控的是意愿），而投掷实验中，奖赏水平则难以改变被试的效能感。并且，即使被试的投掷的效能感低，他们也愿意尝试，这与 Bandura 的自我效能感理论是不一致的。

在此基础上，Kirsch 提出了一个 Rotter 社会学习理论和 Bandura 自我效能感理论的整合模型（图 6–1）。其中，虚线框为 Kirsch 所加。强化物价值对成功的期望（自我效能感期望）是否有影响，Bandura 没有明说，Rotter 认为没有。但后来很多人认为是二者之间相互作用。成功的期望还受到觉察的能力和觉察的难度的影响。如是否有实力参加数学竞赛是“觉察的能力”。若知道竞争对手都很有实力，则“觉察的难度”会提高，这些情境的因素会影响成功的期望（R–S，S–S 期望）。

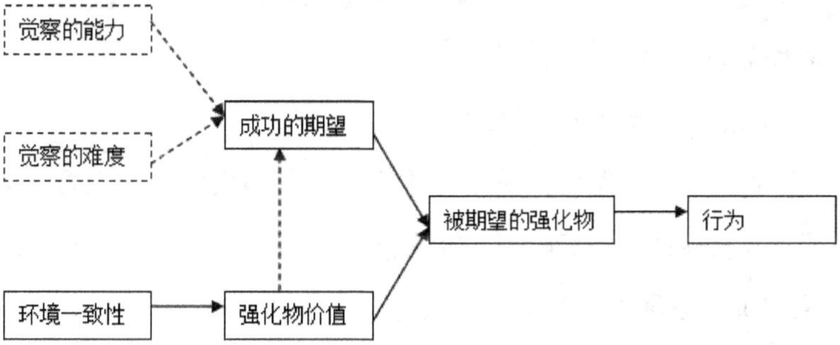

图 6–1　社会学习论和自我效能感理论的整合模型（Kirsch，1985a）

反应期望的主要论点有（Kirsch，1985a：1198–1199）：

1. 随意行为是反应将会带来何种强化物以及此种强化物的价值如何的（期望）函数。

2. 某些刺激物有基本的强化物价值，不需要学习。刺激的二级强化物价值由该刺激物带来别的强化物的期望决定。

3. 随意行为的可能性由期望的强化物和基本强化物价值的和决定。

4. 非随意反应可由无条件刺激引发。一些“认知成分”有成为某种情绪状态的无条件刺激的功能（Beck，1976）（如知觉到丧失，被冤枉，预期的伤害以及预期的积极强化物等会分别带来抑郁、愤怒、害怕以及兴奋的情绪）。

5. 非随意反应也可以由这些出现这些反应可能性的期望引发，有两种可能，即 S–R 期望和 R–R 期望。经典条件作用是获得反应期望的一种方法，劝说、归因、自我观察等是获得反应期望的另外一种途径。

6. 无条件刺激和反应期望具有可加性。因此，反应期望可以提高、抑制或转换无条件刺激的效果。

7. 反应期望有两种性质，分别是非随意行为出现可能性的大小和非随意行为出现的难度大小。因此，出现可能性小而改变较大的主体反应期望会被个体否定，而出现可能性大而主体经验改变较小的反应期望会被个体肯定，因而启动持续改变的循环。

8. 非随意行为具有强化物的价值。

9. 因为非随意行为具有强化物的价值，他们则会决定随意行为。也就是，随意行为是被期望的刺激物和被期望的非随意反应和这些刺激物和反应的强化物价值总和的函数。

行为主义治疗无法处理刺激和反应之间的认知性因素，认知行为治疗开始重视不合理信念、病理性的认知图式、错误（有缺陷）的信息处理方式，认为这些认知因素可以通过辨认、矫正、测试和辩论获得矫正。如同第一波浪潮中用“放松”代替“焦虑”一样。Beck（1993：194）说：“虽然认知治疗有许多不同的定义，我最满意的定义是将认知治疗视为对某一心理障碍认知模型的应用，不同心理障碍会有不同的功能失调的信念和错误的信息处理特征，而认知治疗就是用不同的技术去修正这些信念和信息处理特征。”但是，正如 Hayes（2004：8）所评论的那样，对认知—行为治疗而言，虽然它叫认知—行为治疗，但更加重视认知加工过程这些基本原理，而不太重视行为主义的基本原理；但在实际应用上，一些较为明显的行为、情绪和认知改变的技术，仍然来自早期基于行为主义的基本原理发展起来的那些方法。

接纳承诺疗法的哲学基础是功能情境主义。如果对前述行为主义的基本原理（包括 Kirsch 的反应期望）有所了解，就很容易理解功能情境主义。简而言之，功能情境主义的基本分析单元是“在场景中正在发生的行动”，其特点是：①聚焦于整个事件；②重视场景（即 A）在理解某一事件的本质和功能中的作用；③强调以功能上的有用性为准则。接纳承诺疗法认为心理事件只是整个机体和历史及情境所界定的场景不断互动的一个集合。行为主义的错位在于不重视其中的认知——语言功能，而只分析明显可见的 A–B–C 联结；认知治疗的错位在于将认知——语言从其发挥功能的环境中剥离，即没有重视行为或认知的环境一致性（图 6–2）。

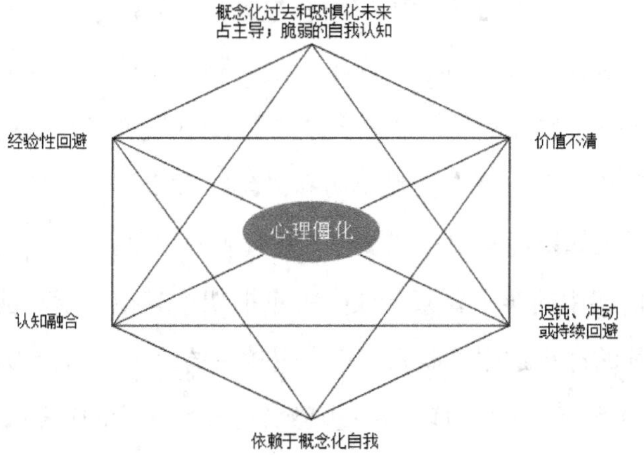

图 6–2　心理病理的 ACT/RFT 模型

接纳承诺疗法的理论基础是关系框架理论（relational frame theory，RFT）。这是 Hayes 所说的一个关于 5 分（dime）和 1 角（nickel）大小的例子。5 分比 1 角的硬币大，非常小的小孩会认为 5 分大，但只要孩子大一点点，他就能认识到虽然 1 角的硬币小，但实际上 1 角更大。这是人对相互关系的一种学习能力。这种关系学习具有如下特点：①双向性。如果我们知道了某一场景中 A 和 B 的关系，我们也就知道了该场景中 B 和 A 的关系。②这些关系具有组合的性质。例如，在某场景中我们知道了 A 和 B 的关系，又知道了 B 和 C 的关系，那么我们就能知道该场景下 A 和 C 的关系。③这些关系具有传递的性质。例如，如果知道了 5 分钱可以买糖，那么就会知道 1 角或 25 分也可以买糖。当某种关系反应具有这三种性质时，这种反应就是一个“关系框架”。可以看到，行为主义的基本原理中的行为三段一致性（A–B–C 联结）就是一个关系框架。不过，在关系框架理论中，因为认知和语言因素的加入，这种三段一致性（A–B–C 联结）在具体场合下会变得异常复杂，同时也具有非常好的解释力。

当关系框架中的一个要素具有某种功能时，它也会改变关系框架中其他要素的功能。这就与临床的应用结合起来了。举例来说，比如小明从来没有见过猫，也没有和猫玩过。在学习过“猫”（这表示猫的汉字写法）→“动物”、“mao”（这表示猫的发音）→“猫”后，小明知道了“mao”→“动物”、“动物”→“猫”等。现在假设小明和猫玩时发出了刺耳的声音，小明哭着跑了。之后，如果妈妈说：“小明，看！有一只猫。”小明会哭着跑开。这就是关系框架中的某个要素，改变关系框架中其他要素功能（比如猫的发音也和刺耳的声音建立了联系，和小明随后的哭和跑的行为建立了联系）的一个迁移的例子。这可以解释一些恐惧症或焦虑症的病因。人类的语言和认知的运作过程都建立在关系框架的基础之上（例如，语词、语词的发音、语词的能指和所指、事件等）。

将关系框架应用于临床就是接纳承诺疗法。从病理学上说，因为关系框架作用的缘故，人们会产生回避体验（尤其是痛苦体验）、认知融合、为（语义上的）过往和将来支配、依着于（语义上的）自我、没有行动（冲动或缺乏坚持性）以及价值不清晰等，这些病理性质的核心特点是僵化的心理功能。治疗的目标在于获得灵活的心理功能。对应于六种病因途径，接纳承诺疗法主要有两种干预途径，一是正念和接纳过程，以将自我作为情境、接纳所给予的任何事物，建立如其所是的认知，二是承诺和行为改变过程，活在当下、有生活的目标和意义以及承诺行动。以小明怕猫这件事而言，妈妈说有一只猫是这一只猫，并非当时发出刺耳声音的那只猫，这就是如其所是的认知。和辩证行为疗法一样，接纳承诺疗法也强调接纳和承诺（行动改变）之间的平衡。

关系框架理论应用于临床实践，非常类似于“观”的过程，接纳和正念练习就是让关系框架如其所是呈现的过程。比如，经典的 milk 练习（Titchener，1916：425），重复发音一分钟，会发现 milk 失去了其原有意义，会具有许多不同的属性（如果学习过冯特式的内省实验，对此会有更多了解）；对“焦虑”进行如此练习也会有类似的效果。再比如，对整个系统的质对，“学习是必须唯一的出路吗？”因为开启了新的可能，从而降低了焦虑，这同样会起到止的作用。对应于“观”（智慧的部分）则在于以价值和意义所引领的生活、目标和承诺行动，其具体内容显然与特定的社会文化环境有关系。

6.5　心理治疗中两个基本方面——“止”与“观”

心理治疗首先是一种人际关系，这种关系以协助病人克服内心的障碍为目标；心理治疗者需掌握相关的知识和技能，以改变病人特定的行为、认知和情感为目标。心理治疗常有一定的设置，例如固定的工作场所，固定的会谈时间和会谈时长，病人需要缴纳一定的治疗费用，工作常主要以谈话的方式进行等。心理治疗对病人有一定的要求，即他需有一定的内省能力，能够向治疗师明白叙述过往发生的事件，具有参与治疗、自我改变的动机。心理治疗对治疗师有职业素养上的要求，主要包括治疗师人格的成熟，相关的专业技能以及职业伦理操守等。这基本上是所有心理治疗共同的特征，我们姑且称之为心理治疗的定义。

这个过程如何能促进改变呢？从弗洛伊德对杜拉的治疗中，我们可以看到，心理治疗的效果绝非仅仅来自精神分析的解释，还来自精神分析活动的种种设置所起到的止的作用。共同要素的研究结果，其实是在说止的作用。其主要结论是这些共同要素贡献了治疗效果，而非不同理论流派的治疗方法主张。如何会有反直觉的结论出现呢？笔者认为共同要素强调了止的作用，但走向了另外一个极端，不再承认“观”的作用。那心理治疗无疑就只是安慰剂了（Wampold，2001）。其结果只能是出现越来越多的难治病人，难治抑郁症、强迫症，各类人格障碍等。在治疗后，共同要素论的结果只能是越来越多的“复发”——因为烦恼未除。要除却烦恼，还是要依靠“观”的作用（表 6–1）。

表 6–1　心理治疗的两个基本方面——“止”与“观”

	止	观
方法	各种治疗流派设置 治疗方法的操作性过程	各种治疗流派心理病理理论
内容	共同要素 ·治疗关系 ·积极期望 ·安慰剂 药物治疗	个人成长 有意义、有价值的生活 行动

续表

	止	观
作用	降低焦虑 获得内省、觉察和忍受痛苦等工作能力或情绪调节能力 与当下经验保持距离，形成工作空间 获得喜悦（暖）	修通、领悟、获得新的叙述、矫正性情绪体验 少量、短暂的情绪困扰 积极的情绪、对事物有兴趣 灵活性、一致性、复原力、焦虑—挫折忍受力
	定	慧

但是，西方新的心理治疗不断出现，包括势力强大的科学主义研究，都是偏于观的方法。在传播时，往往先传播的是理论、概念，这些都是“嘴巴皮”，其实质仍然偏于观。没有实际的操作，这些观会变得越来越肤浅。文字上的叙述以及理论研究，往往与其精神内核相距甚远。所以，笔者的主张是，在所有心理治疗实务当中，我们需要首先特别重视如何培养病人止的能力。对治疗师而言，他自己必须要有，而且能清楚意识到自己了却烦恼的经验中止观的作用。等到病人止的能力提高后，再进一步地使用各种被证实有效的技术，会水到渠成，效果会更稳定。至于什么疾病，用什么技术，恐怕还是得看治疗师的喜好以及当事人的喜好。然后，进一步地，才有可能谈到止与观的关系。

参考文献

[1] ABOUGUENDIA M, JOYCE A S, PIPER W E, OGRODNICZUK J S. Alliance as a mediator of expectancy effects in short - term group psychotherapy [J]. Group Dynamics Theory Research & Practice, 2004, 8 (1): 3 - 2.

[2] ACKERMAN S J, HILSENROTH M J. A review of therapist characteristics and techniques negatively impacting the therapeutic alliance [J]. Psychotherapy: Theory, Research, Practice, Training, 2001, 38 (2): 171 - 185.

[3] ACTON G S, REVELLE W. Evaluation of ten psychometric criteria for circumplex structure [J]. Methods of Psychological Research, 2004 (9): 1 - 27.

[4] AINSWORTH M D S, BLEHAR M C, WATERS E, WALL S. Pattern of attachment: Psychological study of the strange situation [M]. Hillsdale, NJ: Erlbaum, 1978.

[5] AINSWORTH M D S. Infancy in Uganda: Infant care and the growth of

attachment [M] . Baltimore: Johns Hopkins University Press, 1967.

[6] AINSWORTH M D S. Object relations, dependency, and attachment: A theoretical review of the infant - mother relationship [J] . Child Development, 1969 (40) : 969 - 1025.

[7] AL - DARMAKI F, KIVLIGHAN D M. Congruence in client - counselor expectations for relationship and the working alliance. [J] . Journal of Counseling Psychology, 1993, 40 (4) : 379 - 384.

[8] ALEXANDER F, FRENCH T M. Psychoanalytic therapy [M] . New York: The Ronald Press Co, 1946.

[9] American Psychiatric Association [M] . Diagnostic and statistical manual of mental disorders (4thed. , text rev.) , 2000.

[10] ANCHIN J C, KIESLER D J. Handbook of interpersonal psychotherapy [M] . New York: Pergamon, 1982.

[11] ANDERSEN S M, Chen S. The relational self: An interpersonal social - cognitive theory [J] . Psychological Review, 2002 (109) : 619 - 645.

[12] ANDERSEN S M, GLASSMAN N S, CHEN S, COLE S W. Transference in social perception: The role of chronic accessibility in significant - other representations [J] . Journal of Personality and Social Psychology, 1995 (69) : 41 - 57.

[13] ANDERSEN S M, THORPE J S. An if - then of personality: Significant others and the relational self [J] . Journal of Research in Personality, 2009 (43) : 163 - 170.

[14] ARNKOFF D B, GLASS C R, SHAPIRO S J, NORCROSS J C.

Expectations and preferences [M] //Psychotherapy relationships that work: Therapist contributions and responsiveness to patients. (pp. 335 - 356). New York, NY US: Oxford University Press, 2002.

[15] ARON A, ARON E N, SMOLLAN D. Inclusion of other in the self - scale and the structure of interpersonal closeness [J] . Journal of Personality and Social Psychology, 1992, 63 (4): 596 - 612.

[16] BAKERMANS - KRANENBURG M J, Van IJZENDOORN M H. The first 10, 000 Adult Attachment Interviews: Distributions of adult attachment representations in clinical and non - clinical groups [J] . Attachment & Human Development, 2009, 11 (3): 223 - 263.

[17] BALDWIN M W. Relational schemas and the processing of social information [J] . Psychological Bulletin, 1992 (112): 461 - 484.

[18] BALDWIN M W. Relational schemas as a source of if - then self - inference procedures [J]. Review of General Psychology, 1997, 1 (4): 326 - 335.

[19] BANDURA A. Reflections on self - efficacy [J] . Advances in Behavior Research and Therapy, 1978, 1 (4): 237 - 269.

[20] BANDURA A. Self - efficacy: Toward a unifying theory of behavioral change [J] . Psychological Review, 1977, 84 (2): 191 - 215.

[21] BANDURA A. Social foundations of thought and action: A social cognitive theory [M] . Englewood Cliffs, NJ: Prentice - Hall, 1986.

[22] BARTHOLOMEW K, HOROWITZ L M. The Relationships Questionnaire (RQ) [J] . Journal of Personal Social Psychology,

1991（61）：226－44.

[23] BARTHOLOMEW K，HOROWITZ L M. Attachment styles among young adults：A test of a four－category model [J]. Journal of Personality and Social Psychology，1991（61）：226－244.

[24] BECK A T. Cognitive therapy and the emotional disorders [M]. New York：Penguin Books，1976.

[25] Beck A T. Cognitive therapy of depression：New perspectives [M] //P J CLAYTON & J E BARRETT（Eds.），Treatment of depression：Old controversies and new approaches（pp. 265－290）. New York：Raven，1983.

[26] BENEDETTI F，MAYBERG H S，WAGER T D，STOHLER C S，ZUBIETA. Neurobiological mechanisms of the placebo effect [J]. The Journal of Neuroscience：The Official Journal of the Society for Neuroscience，2005，25（45）：10390－402.

[27] BENJAMIN L S，ROTHWEILER J C，CRITCHFIELD K L. The use of Structural Analysis of Social Behavior（SASB）as an assessment tool [J]. Annual Review of Clinical Psychology，2006（2）：83－109.

[28] BENJAMIN L S. Interpersonal diagnosis and treatment of personality disorder（2nd ed.）[M]. New York：Guilford，1996.

[29] BENJAMIN L S. Interpersonal diagnosis and treatment of personality disorders [M]. New York：Guilford Press，2002.

[30] BENJAMIN L S. Interpersonal Reconstructive Therapy（IRT）for individuals with Personality Disorder [M] //J MAGNAVITA（Ed.），

Handbook of personality disorders (pp. 151 - 168.) . New York: J WILEY, 2004.

[31] BENJAMIN L S. Interpersonal reconstructive therapy for anger, anxiety, and depression: It's about broken hearts, not broken brains [M] . Washington, DC: American Psychological Association, 2018.

[32] BENJAMIN L S. Interpersonal Reconstructive Therapy (IRT) : Promoting change in nonresponders [M] . New York: Guilford Press, 2003.

[33] BENJAMIN L S. Principles of prediction using Structural Analysis of Social Behavior [M]//A ZUCKER, J ARONOFF, J RUBIN (Eds.), Personality and the prediction of behavior (pp. 121 - 173) . New York: Academic Press, 1984.

[34] BENJAMIN L S. SASB: A bridge between personality theory and clinical psychology [J] . Psychological Inquiry, 1994, 5 (4) : 273 - 316.

[35] BENJAMIN L S. Structural Analysis of Social Behavior [J] . Psychological Review, 1974 (81) : 392 - 425.

[36] BERNIER A, DOZIER M. The client - counselor match and the corrective emotional experience: Evidence from interpersonal and attachment research [J] . Psychotherapy: Theory/Research/Practice/Training, 2002 (39) : 32 - 43.

[37] BERZINS J I. Revision of psychotherapy expectancy inventory [M] . Unpublished manuscript, 1971.

[38] BIRTCHNELL J. How humans relate: A new interpersonal

theory [M]. Psychology Press: Hove, Sussex, UK, 1996.

[39] BLATT S J, AUERBACH J S, LEVY K N. Mental representations in personality development, psychopathology, and the therapeutic process [J]. Review of General Psychology, 1997 (1): 351 - 374.

[40] BLATT S J, AUERBACH J S. Mental representation, severe psychopathology, and the therapeutic process [J]. Journal of the American Psychoanalytic Association, 2001 (49): 113 - 159.

[41] BLATT S J, CHEVRON E S, QUINLAN D M, SCHAFFER C E, WEIN S. The assessment of qualitative and structural dimensions of object representations (Revised Edition) [M]. Unpublished research manual, Yale University, 1988.

[42] BLATT S J. Interpersonal relatedness and self - definition: Two personality configurations and their implication for psychopathology and psychotherapy [M] //J L SINGER (Ed.), Repression and dissociation: Implications for personality theory, psychopathology and health (pp. 299 - 335). Chicago: University of Chicago Press, 1990.

[43] BLATT S J. Levels of object representation in anaclitic and introjective depression [J]. The Psychoanalytic Study of the Child, 1974 (24): 107 - 157.

[44] BLATT S J. Polarities of experience: Relatedness and self - definition in personality development, psychopathology, and the therapeutic process [M]. Washington, DC: American Psychological Association Press,

2008.

[45] BOLLES R C. Reinforcement, expectancy, and learning [J]. Psychological review, 1972, 79 (5): 394 - 409.

[46] BORDIN E S. The generalizability of the psychoanalysis concept of the working alliance [J]. Psychotherapy: Theory, Research, and Practice, 1979 (16): 252 - 260.

[47] BORDIN E S. Theory and research on the therapeutic working alliance: New directions [M] //A O HORVATH & L S GREENBERG (Eds.), The working alliance: Theory, research, and practice (pp. 13 - 37) .New York: Wiley, 1994.

[48] BOWLBY J, Robertson J, Rosenbluth D. A two - year - old goes to hospital [J]. The Psychoanalytic Study of the Child, 1952, 7 (1): 82 - 94.

[49] BOWLBY J. A secure base [M]. New York: Routledge, 1988.

[50] BOWLBY J. Attachment and loss. I. Attachment [M]. New York: Penguin Books, 1971.

[51] BOWLBY J. Attachment and loss: Vol. 2. Separation [M]. New York: Basic Books, 1973.

[52] BOWLBY J. Attachment and loss: Vol. 3. Attachment [M]. London: Hogarth Press, 1982.

[53] BOWLBY J. Rief and mourning in infancy and early childhood [J]. The Psychoanalytic Study of the Child, 1960, 15 (1): 9 - 52.

[54] BOWLBY J. Separation anxiety [J]. International Journal of Psycho - Analysis, 1960 (41): 89 - 113.

[55] BOWLBY J. The nature of the child's tie to his mother [J]. International journal of psycho - analysis, 1958 (39): 50 - 373.

[56] BRENNAN K A, CLARK C L, SHAVER P R. Self - report measurement of adult attachment: An integrative overview [M] //J A SIMPSON & W S RHOLES (Eds.), Attachment theory and close relationships (pp. 46 - 76). New York: Guilford Press, 1998.

[57] BRETHERTON I. Attachment Theory: Retrospect and Prospect [J]. Monographs of the Society for Research in Child Development, 1985, 50 (1/2): 3 - 35.

[58] CAMPOS J J, MUMME D L, KERMOIAN R, CAMPOS R G. A functionalist perspective on the nature of emotion [J]. Monographs of the Society for Research in Child Development, 1994, 59 (2 - 3, Serial No. 240): 284 - 303.

[59] CARSON R C. Interaction concepts of personality [M]. Chicago: Aldine, 1969.

[60] Cashdan S. Object relations therapy: Using the relationship [M]. W W NORTON & COMPANY, 1988.

[61] CECERO J J, FENTON L R, FRANKFORTER T L, NICH C, CARROLL K M. Focus on therapeutic alliance: The psychometric properties of six measures across three treatments [J]. Psychotherapy: Theory, Research, Practice, Training, 2001, 38 (1): 1 - 11.

[62] CHIRSTINA M B, STEVEN G Y, ALLEN R M. Seeing close others as we see ourselves: One' s own self - complexity is reflected in

perceptions of meaningful others [J] . Journal of Experimental Social Psychology, 2009 (45) : 515 - 523.

[63] CLAIBORN C D, WARD S R, STRONG S R. Effects of congruence between counselor interpretations and client beliefs [J] . Journal of Counseling Psychology, 1981, 28 (2) : 101 - 109.

[64] COLE P M, ARMSTRONG L M, PEMBERTON C K. The role of language in the development of emotion regulation [M] //S D CALKINS & M A Bell (Eds.) , Child development at the intersection of emotion and cognition (pp. 59 - 77) . Washington, DC: American Psychological Association, 2010.

[65] COLLINS N, READ S J. Cognitive representations of attachment: The structure and function of working models [M] //D PERLMAN & K BARTHOLOMEW (Eds.) , Advances in personal relationships (Vol. 5, pp. 53 - 90) . London: Jessica Kingsley, 1994.

[66] COLLINS W A, REPINSKI D J. Relationships during adolescence: Continuity and change in interpersonal perspective [M] //R MONTEMAYOR G R ADAMS, T P GULLOTTA (Eds.) , Advances in adolescent development: An annual book series, Vol. 6. Personal relationships during adolescence (pp. 7 - 36) . Sage Publications, Inc, 1994.

[67] CONNELL M, MOSS E. Attachment across the life span: Factors that contribute to stability and change [J] . Australian Journal of Educational & Developmental Psychology, 2011 (11) : 60 - 77.

[68] CONNOLLY GIBBONS M B, CRITS - CHRISTOPH P, DE LA CRUZ C, BARBER J P, SIQUELAND L, GLADIS M. Pretreatment expectations, interpersonal functioning, and symptoms in the prediction of the therapeutic alliance across supportive - expressive psychotherapy and cognitive therapy [J]. Psychotherapy Research, 2003, 13 (1): 59 - 76.

[69] CONSTANTINO M J, ARNKOFF D B, GLASS C R, AMETRANO R M, SMITH J Z. Expectations [J]. Journal of Clinical Psychology, 2011, 67 (2): 184 - 192.

[70] CONSTANTINO M J, ARNOW B A, BLASEY C, AGRAS W S. The association between patient characteristics and the therapeutic alliance in cognitive - behavioral and interpersonal therapy for bulimia nervosa [J]. Journal of Consulting and Clinical Psychology, 2005, 73 (2): 203 - 211.

[71] CONSTANTINO M J, VÎSLĂA, COYNE A E, BOSWELL J F. A meta - analysis of the association between patients' early treatment outcome expectation and their posttreatment outcomes [J]. Psychotherapy, 2018, 55 (4): 473 - 485.

[72] CONSTANTINO M J. Interpersonal process in psychotherapy through the lens of the Structural Analysis of Social Behavior [J]. Applied and Preventive Psychology, 2000, 9 (3), 153 - 172.

[73] CRITTENDEN P M. Relationships at risk [M] //J BELSKY & T NEYWORSKI (Eds.), Clinical implications of attachment (pp. 136 - 174). Hillsdale, NJ: Erlbaum, 1988.

[74] CSIKSZENTMIHALYI M. Creativity: Flow and the psychology of discovery and invention [M]. New York: Harper Perennial, 1996.

[75] CUMMINGS N A, DONOHUE W T, CUMMINGS J L (Eds.). Clinical strategies for becoming a master psychotherapist. San Diego CA: Elsevier, 2006.

[76] CUSTERS R, AARTS H. The unconscious will: How the pursuit of goals operates outside of conscious awareness[J]. Science, 2010(329): 47-50.

[77] DAMASIO A R. Descartes' error: Emotion, reason and the human brain [M]. New York: Putnam (Grosset Books), 1994.

[78] DAVIDSON R J. Well-being and affective style: Neural substrates and biobehavioural correlates. Philosophical Transactions of the Royal Society of London[J]. Series B: Biological Sciences, 2004, 359(1449): 1395-1411.

[79] DAVILA J, BURGE D, HAMMEN C. Why does attachment style change[J]. Journal of Personality and Social Psychology, 1997, 73(4): 826-838.

[80] DAVILA J, KARNEY B R, BRADBURY T N. Attachment change processes in the early years of marriage [J]. Journal of Personality and Social Psychology, 1999, 76 (5): 783-802.

[81] DEACON T W. What makes the human brain different [J]. Annual Review of Anthropology, 1997, 26 (1): 337-357.

[82] DECETY J, SOMMERVILLE J A. Shared representations between self and other: A social cognitive neuroscience view [J]. Trends in

Cognitive Sciences, 2003, 7 (12): 527 - 533.

[83] DEL BOCA F K, DARKES J, GOLDMAN M S, SMITH G. Advancing the expectancy concept via the interplay between theory and research [J]. Alcoholism: Clinical and Experimental Research, 2002 (26): 926 - 935.

[84] DELSIGNORE A, SCHNYDER U. Control expectancies as predictors of psychotherapy outcome: A systematic review [J]. British Journal of Clinical Psychology, 2007, 46 (4): 467 - 483.

[85] DEVILLY G J, BORKOVEC T D. Psychometric properties of the credibility/expectancy questionnaire [J]. Journal of Behavior Therapy and Experimental Psychiatry, 2000, 31 (2): 73 - 86.

[86] DEW S E, BICKMAN L. Client expectancies about therapy [J]. Mental Health Services Research, 2005, 7 (1): 21 - 33.

[87] DEWOLFF M, VAN IJZENDOORN M. Sensitivity and attachment: A meta - analysis on parental antecedents of infant attachment [J]. Child Development, 1997 (68): 571 - 591.

[88] DIAMOND D, KASLOW N, COONERTY S, BLATT S J. Changes in separation - individuation and intersubjectivity in long - term treatment [J]. Psychoanalytic Psychology, 1990, 7 (3): 363 - 397.

[89] DOZIER M, STOVALL - MCCLOUGH K, ALBUS K E [M] //J CASSIDY, P SHAVER (Eds.), Handbook of attachment (2nd ed., pp. 718 - 744), New York: The Guildford Press, 2008.

[90] DUCKRO P, BEAL D, GEORGE C. Research on the effects of disconfirmed client role expectations in psychotherapy: A critical review

[J]. Psychological Bulletin, 1979, 86 (2): 260-275.

[91] DUNCAN B L, SOLOVEY A D, RUSK G S. Changing the rules: A client-directed approach to therapy [M]. New York: Guilford, 1992.

[92] DWEEK C S. Can personality be changed? The role of beliefs in personality and change [J]. Current Directions in Psychological Science, 2008, 17 (6): 391-394.

[93] EAGLE M N. Attachment, psychotherapy, and assessment: A commentary [J]. . Journal of Counseling and Clinical Psychology, 2006 (74): 1086-1097.

[94] ELLIOTT R, WATSON J C, GOLDMAN R N, GREENBERG L S. Learning emotion-focused therapy: The process-experiential approach to change [M]. Washington, DC: American Psychological Association, 2004.

[95] ENSINK K, MAHEUX J, NORMANDIN L, SABOURIN S, DIGUER L, BERTHELOT N, PARENT K. The impact of mentalization training on the reflective function of novice therapists: A randomized controlled trial [J]. Psychotherapy Research, 2013, 23 (5): 526-538.

[96] ERICKSON M F, SROUFE L A, EGELAND B. The relationship between quality of attachment and behavior problems in preschool in a high-risk sample [J]. Monographs of the Society for Research in Child Development, 1985, 50 (1-2): 147-166.

[97] EUBANKS C F, MURAN J C, SAFRAN J D. Alliance rupture repair: A meta-analysis [J]. Psychotherapy, 2018, 55 (4): 508.

[98] EYSENCK H J. The effects of psychotherapy: An evaluation [J]. Journal of Consulting and Clinical Psychology, 1952 (16): 319 - 24.

[99] FALKENSTRÖM F, GRANSTRÖM F, HOLMQVIST R. Therapeutic alliance predicts symptomatic improvement session by session [J]. Journal of counseling psychology, 2013, 60 (3): 317 - 328.

[100] FENNELL M J V, TEASDALE J D. Cognitive therapy for depression: Individual differences and the process of change [J]. Cognitive Therapy and Research, 1987, 11 (2): 253 - 271.

[101] FIRST M B, SPITZER R L, GIBBON M, WILLIAMS J B W. Structured Clinical Interview for DSM - IV Axis I Disorders, Clinician Version (SCID - CV) [M]. Washington, DC: American Psychiatric Press, 1996.

[102] FIRST M B, SPITZER R L, GIBBON M, WILLIAMS J B W. Structured Clinical Interview for DSM - IV Personality Disorders (SCID - II) [J]. Washington, DC: American Psychiatric Press, 1997.

[103] FISCHER - KERN M, BUCHHEIM A, HÖRZ S, SCHUSTER P, DOERING S, KAPUSTA N D, FONAGY P. The relationship between personality organization, reflective functioning, and psychiatric classification in borderline personality disorder [J]. Psychoanalytic Psychology, 2010, 27 (4): 395 - 409.

[104] FISCHER - KERN M, FONAGY P, KAPUSTA N D, LUYTEN P, BOSS S, NADERER A, LEITHNER K. Mentalizing in female

inpatients with major depressive disorder [J]. The Journal of Nervous and Mental Disease, 2013, 201 (3): 202-207.

[105] FLAVELL J. Metacognition and cognitive monitoring: A new area of cognitive-developmental inquiry [J]. American Psychologist, 1979, 34 (10): 906-911.

[106] FLÜCKIGER C, DEL RE A C, WAMPOLD B E, HORVATH A O. The alliance in adult psychotherapy: A meta-analytic synthesis [J]. Psychotherapy, 2018, 55 (4): 316-340.

[107] FONAGY P, LEIGH T, STEELE M, STEELE H, KENNEDY R, MATTOON G, GERBER A. The relation of attachment status, psychiatric classification, and response to psychotherapy [J]. Journal of Consulting and Clinical Psychology, 1996, 64 (1): 22-31.

[108] FONAGY P, LEVINSON A. Offending and attachment: The relationship between interpersonal awareness and offending in a prison population with psychiatric disorder [J]. Canadian Journal of Psychoanalysis, 2004, 12 (2): 225-251.

[109] FONAGY P, STEELE M, STEELE H, MORAN G S, HIGGITT A C. The capacity for understanding mental states: The reflective self in parent and child and its significance for security of attachment [J]. Infant Mental Health Journal, 1991, 12 (3): 201-218.

[110] FONAGY P, STEELE M, STEELE H, TARGET M. Reflective-function manual: Version 5. 0. For application to the Adult

Attachment Interview [M] . Unpublished manuscript, University College, London, 1998.

[111] FONAGY P, STEELE M, TEELE H, HIGGITT A, TARGET M. The Emanuel Miller memorial lecture 1992 the theory and practice of resilience[J]. Journal of Child Psychology and Psychiatry, 1994, 35(2): 231 - 257.

[112] FONAGY P, TARGET M, STEELE M, STEELE H, LEIGH T, LEVINSON A, KENNEDY R. Morality, disruptive behavior, borderline personality disorder, crime and their relationship to security of attachment [M] //L ATKINSON & K J ZUCKER (Eds.), Attachment and psychopathology (pp. 223 - 274) . Guilford Press, 1997.

[113] FONAGY P. Attachment theory and psychoanalysis [M] . New York: Other Press, 2001.

[114] FONAGY P. Psychodynamic psychotherapy [M] //S W RUSS & T H OLLENDICK (Eds.), Handbook of psychotherapies with children and families (pp. 87 - 106) . New York: Plenum Press, 1999.

[115] FORCE O T (Ed.) . Operationalized psychodynamic diagnosis OPD - 2: Manual of diagnosis and treatment planning [M] . Hogrefe Publishing, 2008.

[116] FRALEY R C, HEFFERNAN M E, VICARY A M, BRUMBAUGH C C. The experiences in close relationships—Relationship Structures Questionnaire: A method for assessing attachment orientations across relationships [J] . Psychological Assessment, 2011, 23 (3) :

615 - 625.

[117] FRALEY R C, WALLER N G, BRENNAN K A. An item - response theory analysis of self - report measures of adult attachment [J]. Journal of Personality and Social Psycology, 2000 (78): 350 - 365.

[118] FRANK J D, FRANK J B. Persuasion and healing: A comparative study of psychotherapy [M]. Baltimore, MD: The Johns Hopkins University Press, 1991.

[119] FRANK J D, HOEHN - SARIC R, IMBER S D, LIBERMAN B L, STONE A R. Effective ingredients of successful psychotherapy [M]. New York: Brunner/Mazel, 1978.

[120] FRANKS L M, WILSON P D, WHELAN R D. The effects of age on total DNA and cell number in the mouse brain [J]. Gerontology, 1974, 20 (1): 21 - 26.

[121] FREEDMAN M B, LEARY T F, OSSORIO A G, COFFEY H S. The interpersonal dimension of personality [J]. Journal of Personality, 1951 (20): 143 - 161.

[122] GAYLIN W. How psychotherapy really works [M]. Boston: Little, Brown, 2001.

[123] GELSO C J, CARTER J A. The relationship in counseling and psychotherapy: Components, consequences, and theoretical antecedents [J]. The Counseling Psychologist, 1985 (2): 155 - 243.

[124] GENDLIN E T. Focusing [J]. Psychotherapy: Theory, Research &

Practice, 1969, 6 (1) : 4 - 45.

[125] GEORGE C, AND SOLOMON J. Representational models of relationships: Links between caregiving and attachment [M] //C GEORGE & J SOLOMON(Eds.), Defining the Caregiving System(Infant Mental Health Journal, 17) (pp. 198 - 216) . New York: John Wiley, 1996.

[126] GLASS G V, MCGAW B, SMITH M L. Meta - analysis in social research [M] . Beverly Hills, CA: SAGE, 1981.

[127] GOLDFRIED M R, SAFRAN J D. Future directions in psychotherapy integration [M] //J C NORCROSS (Ed.) Handbook of eclectic psychotherapy (pp. 463 - 483) . New York: Brunner/ Mazel, 1986.

[128] GOLDMAN M S, KIRSCH I. Expectancy operation: Cognitive - neural models and architectures [M] //How expectancies shape experience. (pp. 41 - 63) . Washington, DC US: American Psychological Association, 1999.

[129] GREENBERG L S, JOHNSON S M. Emotionally focused therapy for couples [M] . Guilford Press, 1988.

[130] GREENBERG L S, RICE L N, ELLIOTT R. Facilitating emotional change: The moment - by - moment Process [M] . New York: Guilford Press, 1993.

[131] GREENBERG L S, WATSON J C. Emotion - focused therapy for depression [M] . American Psychological Association, 2006.

[132] GREENBERG L. Emotion focused therapy [M] . Washington DC:

American Psychological Association，2002.

[133] GREENBERG R P，CONSTANTINO M J，BRUCE N. Are patient expectations still relevant for psychotherapy process and outcome [J]. Clinical Psychology Review，2006，26（6）：657 - 678.

[134] GREENBERG，LESLIE S. Emotion - focused therapy. Theories of psychotherapy series [M]. Washington，DC，2011.

[135] GREENSON R. The working alliance and the transference neurosis [J]. Psychoanalytic Quarterly，1965（34）：155 - 181.

[136] GRICE H P. Speech acts [M] //P COLE & J J MORGAN（Eds.），Logic and conversation（pp. 41 - 58）. New York：Academic Press，1975.

[137] GROSS S，STASCH M，SCHMAL H，HILLENBRAND E，CIERPKA M. Changes in the mental representations of relational behavior in depressive patients [J]. Psychotherapy Research，2007，17（5）：522 - 534.

[138] GULLESTAD F S，JOHANSEN M S，HØGLEND P，KARTERUD S，WILBERG T，. Mentalization as a moderator of treatment effects：Findings from a randomized clinical trial for personality disorders [J]. Psychotherapy Research，2013，23（6）：674 - 689.

[139] HARLEY D，STRUPP H H. The therapeutic alliance：Its relationship to outcome in brief psychotherapy [M] //J MASLING（Ed.），Empirical Studies of Psychoanalytic Theories，Hillsdale，NJ：Erlbaum，1983：1 - 37.

[140] HARLOW H F，DODSWORTH R O，HARLOW M K. Total social

isolation in monkeys [J]. Proceedings of the National Academy of Sciences of the United States of America, 1965, 54 (1): 90-97.

[141] HARLOW H. The nature of love [J]. American Psychologist, 1958, 13: 673-685.

[142] HATCHETT G T, HAN K. Development and evaluation of new factor scales for the Expectations About Counseling (EAC-B) Inventory in a college sample [J]. Journal of Clinical Psychology, 2006 (62): 1303-1318.

[143] HAYES S C. Acceptance and commitment therapy, relational frame theory, and the third wave of behavioral and cognitive therapies [J]. Behavior Therapy, 2004, 35 (4): 639-665.

[144] HAZAN C, SHAVER P. Romantic love conceptualized as an attachment process [J]. Journal of Personality and Social Psychology, 1987 (52): 511-524.

[145] HENRY W P. Structural Analysis of Social Behavior as a common metric for programmatic psychopathology and psychotherapy research [J]. Journal of Consulting and Clinical Psychology, 1996, 64 (6): 1263-1275.

[146] HENRY W, STRUPP H. The therapeutic alliance as interpersonal process [M] //HORVATH & L GREENBERG (Eds.), The working alliance (pp. 51-84). John Wiley & SONS, Inc, 1994.

[147] HESSE E. Discourse, memory, and the Adult Attachment Interview: A note with emphasis on the emerging cannot classify

category [J] . Infant Mental Health Journal: Official Publication of The World Association for Infant Mental Health, 1996, 17 (1) : 4 - 11.

[148] HILL C E, BAUMANN E, SHAFRAN N, GUPTA S, MORRISON A, ROJAS A E P, GELSO C J. Is training effective? A study of counseling psychology doctoral trainees in a psychodynamic/interpersonal training clinic [J] . Journal of Counseling Psychology, 2015, 62 (2) : 184 - 201.

[149] HILL C E, CROOK - LYON R E, HESS S A, GOATES - JONES M, ROFFMAN M, STAHL J, JOHNSON M. Prediction of session process and outcome in the Hill dream model: Contributions of client characteristics and the process of the three stages [J] . Dreaming, 2006, 16 (3) : 159 - 185.

[150] HILL C R, SAFRAN J D. Assessing interpersonal schemas: Anticipated responses of significant others [J] . Journal of Social and Clinical Psychology, 1994, 13 (4) : 366 - 379.

[151] HOLODYNSKI M, FRIEDLMEIER W. Development of emotions and their regulation [M] . Springer US, 2005.

[152] HOROWITZ L M, ALDEN L E, WIGGINS J S, PINCUS A L. Interpersonal problems inventory manual [M] . The Psychological Cooperation: U. S. A, 2003.

[153] HOROWITZ L M, STRACK S (Eds.) . Handbook of interpersonal psychology: Theory, research, assessment, and therapeutic interventions [M] . John Wiley & Sons, Inc, 2011.

[154] HOROWITZ L M, VITKUS J. The interpersonal basis of psychiatric symptoms [J]. Clinical Psychology Review, 1986 (6): 443-469.

[155] HOROWITZ L M. Interpersonal foundations of psychopathology [M]. Washington, DC: American Psychological Association, 2004.

[156] HORVATH A O, DEL RE A C, FLÜCKIGER C, SYMONDS D. Alliance in individual psychotherapy [J]. Psychotherapy: Theory, Research, Practice, Training, 2011, 48 (1), 9-16.

[157] HORVATH A O, GREENBERG L S. The development and validation of the Working Alliance Inventory [J]. Journal of Counseling Psychology, 1989 (36): 223-233.

[158] HORVATH A O, GREENBERG L S. The development of the Working Alliance Inventory [M] //L S GREENBERG & W M PINSOF (Eds.), The psychotherapeutic process: A research handbook (pp. 527-556). New York: Guilford, 1986.

[159] HOVARTH A O, SYMONDS B D. Relation between working alliance and outcome in psychotherapy: A meta-analysis [J]. Journal of Counseling Psychology, 1991 (38): 139-149.

[160] HOWARD K I, CORNILLE T, LYONS J S, VESSEY J, LUEGER R J, SAUNDERS S M. Patterns of mental health service utilization [J]. Archives of General Psychiatry, 1996 (53): 696-703.

[161] ILARDI S S, CRAIGHEAD W E. The role of nonspecific factors in cognitive-behavior therapy for depression [J]. Clinical

Psychology: Science and Practice, 1994 (1): 138 - 156.

[162] IRVING L M, SNYDER C R, CHEAVENS J, GRAVEL L, HANKE J, HILBERG P, NELSON N. The relationships between hope and outcomes at the pre - treatment, beginning, and later phases of psychotherapy [J]. Journal of Psychotherapy Integration, 2004 (14): 419 - 443.

[163] IZARD C E, FINE S, SCHULTZ D, MOSTROW A, ACKERMAN B, YOUNGSTROM E. Emotion knowledge as a predictor of social and academic competence in children at risk [J]. Psychological Science, 2001 (12): 18 - 2.

[164] JACOBSON N S, TRUAX P. Clinical significance: A statistical [J]. Journal of Consulting & Clinical Psychology, 1991 (59): 12 - 19.

[165] JONES E E. Therapeutic action: A guide to psychoanalytic therapy [M]. Rowman & Littlefield, 2000.

[166] JOYCE A S, MCCALLUM M, PIPER W E, OGRODNICZUK J S. Role behavior expectancies and alliance change in short - term individual psychotherapy [J]. Journal of Psychotherapy Practice & Research, 2000, 9 (4): 213 - 225.

[167] JOYCE A S, OGRODNICZUK J S, PIPER W E, MCCALLUM M. The alliance as mediator of expectancy effects in short - term individual therapy [J]. Journal of Consulting and Clinical Psychology, 2003, 71 (4): 672 - 679.

[168] KAPLAN A S. An examination of client worldview and expectations

about psychotherapy [M]. Unpublished doctoral dissertations, University of Miami, 2000.

[169] KAPTCHUK T J, KELLEY J M, CONBOY L A, DAVIS R B, KERR C E, JACOBSON E E, LEMBO A J. Components of placebo effect: Randomised controlled trial in patients with irritable bowel syndrome [J]. BMJ, 2008, 336 (7651): 999 - 1003.

[170] KARLSSON R, KERMOTT A. Reflective - functioning during the process in brief psychotherapies [J]. Psychotherapy: Theory, Research, Practice, Training, 2006, 43 (1): 65 - 84.

[171] KELLEY F A, GELSO C J, FUERTES J N, MARMAROSH C, LANIER S H. The real relationship inventory: Development and psychometric investigation of the client form [J]. Psychotherapy: Theory, Research, Practice, Training, 2010, 47 (4): 540 - 553.

[172] KERNBERG O. Internal world and external reality [M]. New York: Jason Aronson, 1980.

[173] KERNBERG O. Object relations theory and clinical psychoanalysis [M]. New York: Jason Aronson, 1976.

[174] KIESLER D J. Contemporary interpersonal theory and research: Personality, psychopathology, and psychotherapy [M]. New York: Wiley, 1996.

[175] KIESLER D J. The 1982 interpersonal circle: A taxonomy for complementarity in human transactions [J]. Psychological Review, 1983, 90 (3): 185 - 214.

[176] KIRSCH I. Response expectancy as a determinant of experience and behavior [J]. American Psychologist, 1985, 40 (11): 1189-1202.

[177] KIRSCH I. Response expectancy theory and application: A decennial review [J]. Applied & Preventive Psychology, 1997, 6 (2): 69-79.

[178] KIRSCH I. Self-efficacy and expectancy: Old wine with new labels [J]. Journal of Personality and Social Psychology, 1985b, 49(3): 824-830.

[179] KIRSCH I. Why We Respond to Placebos: Psychological Mechanisms of the Placebo Effect. Hope-academic [EB/OL]. [2009-10-27]. http://www.hope-academic.org.uk/Academic/researchdevelopment/Themes/Neurosciences/Pain/

[180] KLERMAN G, WEISSMAN M. New applications of interpersonal psychotherapy [M]. American Psychiatric Press, Washington, DC, 1993.

[181] KOBAK R R, HAZAN C. Attachment in marriage: Effects of security and accuracy of working models [J]. Journal of Personality and social Psychology, 1991, 60 (6): 861-869.

[182] LAMBERT M J, BERGIN A E, GARFIELD S L. The effectiveness of psychotherapy [M]. New York: Wiley, 1994.

[183] LAMBERT M J, BERGIN A E. The effectiveness of psychotherapy [M] //A E BERGIN & S L GARFIELD (Eds.), Handbook of psychotherapy and behavior change (4th ed., pp. 143-189).

New York: Wiley, 1994.

[184] LAMBERT M J, MORTON J S, HATFIELD D, HARMON C, HAMILTON S, REID R C, BURLINGAME G. Administration and scoring manual for the outcome questionnaire - 45 [M] . Orem, UT: American Professional Credentialing Services, 2004.

[185] LAMBERT M J. Implications of outcome research for psychotherapy integration [M] //J C NORCROSS & M R GOLDSTEIN (Eds.) , Handbook of psychotherapy and behavior change (3rd ed. , pp. 157 - 211) . New York: Wiley, 1992.

[186] LAMBERT M, CATTANI - THOMPSON K. Current findings regarding the effectiveness of counseling: Implications for practice [J] . Journal of Counseling & Development, 1996 (74) : 601 - 608.

[187] LAZARUS R S, FOLKMAN S. Stress, appraisal, and coping [M] . New York: Springer, 1984.

[188] LEARY T. Interpersonal diagnosis of personality: A functional theory and methodology for personality evaluation [M] . New York: Ronald Press, 1957.

[189] LEDOUX J E. The emotional brain [M] . New York: Simon & Schuster, 1996.

[190] LEICHSENRING F, LEIBING E. The effectiveness of psychodynamic therapy and cognitive behavior therapy in the treatment of personality disorders: A meta - analysis [J] . American Journal of Psychiatry, 2003 (160) : 1221 - 1232.

[191] LEVY K N, MEEHAN K B, KELLY K M, REYNOSO J S, WEBER M,

CLARKIN J F, KERNBERG O F. Change in attachment patterns and reflective function in a randomized control trial of transference - focused psychotherapy for borderline personality disorder [J]. Journal of consulting and clinical psychology, 2006, 74 (6): 1027 - 1040.

[192] LINDEN W, HAMBLETON R K. Handbook of modern item response theory [M]. Springer - Verlag New York Inc, 1997.

[193] LINGIARDI V, SHEDLER J, GAZZILLO F. Assessing personality change in psychotherapy with the SWAP - 200: A case study [J]. Journal of Personality Assessment, 2006, 86 (1): 23 - 32.

[194] LOPEZ F G, GORMLEY B. Stability and change in adult attachment style over the first - year college transition: Relations to self - confidence, coping, and distress patterns [J]. Journal of Counseling Psychology, 2002, 49 (3): 355 - 364.

[195] LORENZ K. Der Kumpan in der Umwelt des Vogels [J]. Journal of Ornithology, 1935 (83): 137 - 413.

[196] LORR M, MCNAIR D M. An interpersonal behavior circle [J]. Journal of Abnormal and Social Psychology, 1963 (67): 68 - 75.

[197] LORR M, MCNAIR D M. Expansion of the interpersonal behavior circle [J]. Journal of Personality and Social Psychology, 1965 (2): 68 - 75.

[198] LUBORSKY L, CRITS - CRISTOPH P, ET AL. Two helping alliance methods for predicting outcomes of psychotherapy: A counting signs vs a global rating method [J]. Journal of Nervous and Mental Disease, 1983 (171): 480 - 491.

[199] LUBORSKY L, DIGUER L, SELIGMAN D A, ROSENTHAL R, JOHNSON S, HALPERIN G, BISHOP M, SCHWEIZER E. The researcher' s own therapeutic allegiances: A "wild card" in comparisons of treatment efficacy [J]. Clinical Psychology: Science and Practice, 1999 (6): 95 - 132.

[200] MAHLER M S. A study of the separation - individuation process: And its possible application to borderline phenomena in the psychoanalytic situation [J]. The Psychoanalytic Study of the Child, 1971 (26): 403 - 424.

[201] MAIN M, GOLDWYN R. Predicting rejection of her infant from mother's representation of her own experience: Implications for the abused - abusing intergenerational cycle [J]. Child Abuse & Neglect, 1984, 8 (2): 203 - 217.

[202] MAIN M, KAPLAN N, CASSIDY J. Security in Infancy, Childhood, and Adulthood: A Move to the Level of Representation [J]. Monographs of the Society for Research in Child Development, 1985, 50 (1/2): 66 - 104.

[203] MAIN M, SOLOMON J. Procedures for identifying insecure - disorganized/disoriented infants: Procedures, findings, and implications for the classification of behavior [M] //M GREENBERG, D CICCHETTI, M CUMMINGS (Eds.), Attachment in preschool years: Theory, research, and intervention (pp. 121 - 160). Chicago: University of Chicago Press, 1990.

[204] MALLINCKRODT B, NELSON M L. Counselor training level and the

formation of the psychotherapeutic working alliance [J]. Journal of Counseling Psychology, 1991 (38): 133 - 138

[205] Marmar C R, Gaston L. Manual for the California Psychotherapy Scales - CALPAS [M]. Unpublished manuscript, University of California, San Francisco, CA, 1988.

[206] MARTIN D J, GARSKE J P, ET AL. Relation of the therapeutic alliance with outcome and other variables: A meta - analytic review [J]. Journal of Consulting and Clinical Psychology, 2001, 68 (3): 438 - 450.

[207] MASCOLO M F, HARKINS D, HARAKAL T [M]. The dynamic construction of emotion: Varieties in anger, 2000.

[208] MASLOW A. Motivation and personality [M]. New York: Harper, 1954.

[209] MCLEMORE C W, BENJAMIN L S. Whatever happened to interpersonal diagnosis [J]. American Psychologist, 1979 (34): 17 - 34.

[210] MELLOTT R N, DESTEFAN T J, ET AL. Relationship between counselor and client perceptions of psychological problems and counseling outcomes [J]. Journal of College Counseling, 1999 (2): 134 - 147.

[211] MESSER S. Empirically supported treatments: What's a non - behaviorist to do [M] //B D SLIFE, R N WILLIAMS, S H BARLOW (Eds.), Critical issues in psychotherapy: Translating new ideas into practice (pp. 21 - 25). Thousand Oaks, CA: Sage, 2001.

[212] MEYER B, PILKONIS P A, BEEVERS C G. What’s in a (neutral) face? Personality disorders, attachment styles, and the appraisal of ambiguous social cues[J]. Journal of Personality Disorders, 2004(18): 320 - 336.

[213] MEYER B, PILKONIS P A, KRUPNICK J L, EGAN M K, SIMMENS S J, SOTSKY S M. Treatment expectancies, patient alliance and outcome: Further analyses from the National Institute of Mental Health Treatment of Depression Collaborative Research Program [J]. Journal of Consulting and Clinical Psychology, 2002, 70 (4): 1051 - 1055.

[214] MEYER B, PILKONIS P A. An attachment model of personality disorder [M] //J F CLARKIN & M F LENZENWEGER (Eds.). Major theories of personality. New York: The Guilford Press, 2005.

[215] MIKULINCER M, SHAVER P R, BAR - ON N, EIN - DOR T. The pushes and pulls of close relationships: Attachment insecurities and relational ambivalence [J]. Journal of Personality and Social Psychology, 2010 (98): 450 - 468.

[216] MIKULINCER M, SHAVER P R. Attachment in adulthood: Structure, dynamics and change [M]. New York: The Guilford Press, 2007.

[217] MISCHEL W, SHODA Y, AYDUK O. Introduction to personality: Toward an integrative science of the person (8th ed.) [M]. New York: Wiley, 2008.

[218] MISCHEL W, SHODA Y. A cognitive - affective system theory of

personality: Reconceptualizing situations, dispositions, dynamics, and invariance in personality structure [J]. Psychological Review, 1995 (102): 246-268.

[219] MÜLLER C, KAUFHOLD J, OVERBECK G, GRABHORN R. The importance of reflective functioning to the diagnosis of psychic structure [J]. Psychology and Psychotherapy: Theory, Research and Practice, 2006, 79 (4): 485-494.

[220] MURPHY S T, ZAJONC R B. Affect, cognition, and awareness: Affective priming with optimal and suboptimal stimulus exposures [J]. Journal of Personality and Social Psychology, 1993, 64 (5): 723-739.

[221] NACHMIAS M, GUNNAR M, MANGELSDORF S, PARRITZ R H, BUSS K. Behavioral inhibition and stress reactivity: The moderating role of attachment security [J]. Child Development, 1996, 67 (2): 508-522.

[222] Niedenthal P M. Implicit perception of affective information [J]. Journal of Experimental Social Psychology, 1990, 26 (6): 505-527.

[223] NIGG J T, MARTEL M M, NIKOLAS M, CASEY B J. Intersection of emotion and cognition in developmental psychopathology [M] //S D CALKINS & M A BELL (Eds.), Child development at the intersection of emotion and cognition, (pp. 225-245). Washington, DC: American Psychological Association Press, 2010.

[224] NOBLE L M, DOUGLAS B C, NEWMAN S P. What do patients

expect of psychological services?A systematic and critical review of empirical studies [J] . Social Science and Medicine, 2001 (52) : 985 - 998.

[225] NOCK M K, KAZDIN A E. Parent expectancies for child therapy: Assessment and relation to participation in treatment [J] . Journal of Child and Family Studies, 2001 (10) : 155 - 180

[226] OBECI J H. The development of the client - therapist bond through the lens of attachment theory [J] . Psychotherapy: Theory, Research, Practice, Training, 2008, 45 (4) : 431 - 446.

[227] ONODA K, OKAMOTO Y, NAKASHIMA K, NITTONO H, YOSHIMURA, S ET AL. Does low self - esteem enhance social pain? The relationship between trait self - esteem and anterior cingulate cortex activation induced by ostracism [J] . Social Cognitive & Affective Neurosci, 2010, 5 (4) : 385 - 391.

[228] ORLINSKY D E, RØNNESTAD M H, WILLUTZKI U. Fifty years of psychotherapy process - outcome research: Continuity and change [M] //M LAMBERT, Ed. , Handbook of psychothearapy and behavioral change (pp. 307 - 389) . New York: John Wiley, 2004.

[229] OSBOURNE J W, WATERS E M. Four assumptions of multiple regression that researchers should always test [J] . Practical Assessment, Research and Evaluation, 2002, 8 (2) : 1 - 5.

[230] PAJULO M, PYYKKÖNEN N, KALLAND M, SINKKONEN J, HELENIUS H, PUNAMÄKI R L, SUCHMAN N. Substance - abusing mothers in residential treatment with their babies: Importance

of pre - and postnatal maternal reflective functioning [J] . Infant Mental Health Journal, 2012, 33 (1) : 70 - 81.

[231] PATTERSON C H. Relationship counseling and psychotherapy [M] . New York: Harper & Row, 1974.

[232] PATTERSON C L, UHLIN B, ANDERSON T. Clients' pretreatment counseling expectations as predictors of the working alliance [J] . Journal of Counseling Psychology, 2008, 55 (4) : 528 - 534.

[233] PAUL G L, SHANNON D T. Treatment of anxiety through systematic desensitization in therapy groups [J] . Journal of Abnormal Psychology, 1966, 71 (2) : 124 - 135.

[234] PAULUS M P. Decision - making dysfunctions in psychiatry - altered homeostatic processing [J] . Science, 2007 (318) : 602 - 606.

[235] PDM TASK FORCE. Psychodynamic Diagnostic Manual [M] . Silver Spring, MD: Alliance of Psychoanalytic Organizations, 2006.

[236] PEDERSEN S H, LUNN S, KATZNELSON H, POULSEN S. Reflective functioning in 70 patients suffering from bulimia nervosa [J] . European Eating Disorders Review, 2012, 20 (4) : 303 - 310.

[237] PERRY J C, BANON E, IANNI F. Effectiveness of psychotherapy for personality disorders[J]. American Journal of Psychiatry, 1999(156): 1312 - 1321.

[238] PIETROMONACO P R, BARRETT L F. Internal working models: What do we really know about the self in relation to others [J] . Review of General Psychology, 2000 (4) : 155 - 175.

[239] PINCUS A L, ANSELL E B. Interpersonal theory of personality [M] //T MILLON & M J LERNER, Handbook of psychology: Personality and social psychology (pp. 209 - 229). New York: John Wiley & Sons, Inc, 2003.

[240] PINCUS A L, CAIN N M. Interpersonal psychotherapy [M] //D C S RICHARD & S K HUPRICH (Eds.), Clinical psychology: Assessment, treatment & research (pp. 213 - 245). New York: Academic Press, 2008.

[241] PINCUS A L, WIGGINS J S. Interpersonal problems and conceptions of personality disorders [J]. Journal of Personality Disorders, 1990, 4 (4): 342 - 352.

[242] PLUTCHIK R, HOPE R C. Circumplex models of personality and emotions [M]. Washington, DC, US: American Psychological Association, 1997.

[243] PRICE D D, FINNISS D G, BENEDETTI F. A comprehensive review of the placebo effect: Recent advances and current thought [J]. Annual Review of Psychology, 2008 (59): 565 - 90.

[244] PRICE P B, JONES E E. Examining the alliance using the psychotherapy process Q - set. Psychotherapy, 1998, 35 (3): 392 - 404.

[245] PROCHASKA J O, DICLEMENTE C C. Transtheoretical therapy: Toward a more integrative model of change [J]. Psychotherapy: Theory, Research & Practice, 1982, 19 (3): 276 - 288.

[246] PROCHASKA J O, NORCROSS J C. Systems of psychotherapy: A

transtheoretical analysis. Wadsworth Publishing [M] . Professional Credentialing Services, 1999.

[247] RATHER B C, GOLDMAN M S. Drinking - related differences in the memory organization of alcohol expectancies [J] . Experimental and Clinical Psychopharmacology, 1994 (2): 167 - 183.

[248] RESCORLA R A. Pavlovian conditioning: It' s not what you think it is [J]. American Psychologist, 1988, 43 (3): 151 - 160.

[249] RICHARDSON M S. Transference and countertrasference [M] // A E KAZDIN, Encyclopedia of psychology (pp. 108 - 111). Washington, DC, US: American Psychological Association;New York, NY, US: Oxford University Press, 2000.

[250] ROGERS C R. The necessary and sufficient conditions of therapeutic personality change [J] . Journal of Consulting Psychology, 1957, 21 (2): 95 - 103.

[251] ROGERS C. Client - centered therapy: Its current practice, implications and theory [M] . London: Constable, 1951.

[252] ROTTER J B. Social learning and clinical psychology [M] . Prentice - Hall, Inc, 1954.

[253] RUDDEN M, MILROD B, TARGET M, ACKERMAN S, GRAF E. Reflective functioning in panic disorder patients: A pilot study [J] . Journal of the American Psychoanalytic Association, 2006, 54 (4): 1339 - 1343.

[254] RUTTER M, KREPPNER J, SONUGA - BARKE E. Emanuel Miller Lecture: Attachment insecurity, disinhibited attachment, and

attachment disorders: Where do research findings leave the concepts [J]. Journal of Child Psychology and Psychiatry, 2009, 50 (5): 529 - 543.

[255] RUTTER M. Maternal deprivation reassessed [M]. Penguin: Harmondsworth, 1981.

[256] SAFRAN J D, CROCKER P, MCMAIN S, MURRAY P. Therapeutic alliance rupture as a therapy event for empirical investigation [J]. Psychotherapy: Theory, Research, Practice, Training, 1990, 27(2): 154 - 165.

[257] SAFRAN J D, MURAN J C. Resolving therapeutic alliance ruptures. Diversity and integration [J]. Journal of Clinical Psychology (JCLP) /in Session Psychotherapy in Practice, 2000, 56 (2): 233 - 243.

[258] SAFRAN J D, MURAN J C. The resolution of ruptures in the therapeutic alliance [J]. Journal of Consulting and Clinical Psychology, 1996, 64 (3): 447 - 458.

[259] SANDLER J, DARE C, HOLDER A, DREHER A U. The patient and the analyst: The basis of the psychoanalytic process (2nd ed.) [M]. International Universities Press, Inc, 1992.

[260] SANFEY A G. Social decision - making: Insights from game theory and neuroscience [J]. Science, 2007 (318): 598 - 602.

[261] SAUNDERS S M. Examining the relationship between the therapeutic bond and the phases of treatment outcome [J]. Psychotherapy, 2000 (37): 206 - 218.

[262] SAUNDERS S M. Pretreatment correlates of the therapeutic

bond [J]. Journal of Clinical Psychology, 2001 (57): 1339 - 1352.

[263] SCARVALONE P, FOX M, SAFRAN J D. Interpersonal schemas: Clinical theory, research and implications[M]//M W BALDWIN(Ed.), Interpersonal cognition (pp. 359 - 387). New York: Guildford Press, 2005.

[264] SCHACHTER S, SINGER J E. Cognitive, social and physiological determinants of emotional state[J]. Psychological Review, 1962(69): 379 - 399.

[265] SCHAEFER E S. A circumplex model for maternal behaviors [J]. Journal of Abnormal and Social Psychology, 1959 (59): 226 - 235.

[266] SCHAEFER E S. Converging conceptual models for maternal behavior and child behavior [M] //J C Glidwell (Ed.), Parental attitudes and child behavior (pp. 124 - 146). SpringfieldIL: Charles C. Thomas, 1961.

[267] SEGAL H. Notes on symbol formation [J]. International Journal of Psycho - Analysis, 1957 (38): 391 - 397.

[268] SEXTON T L, WHILSTON S C. The status of the counseling relationship: An empirical review [J]. The Counseling Psychologist, 1994, 22 (1): 6 - 78.

[269] SHAVER P R, MIKULINCER M. Attachment theory and research: Resurrection of the psychodynamic approach to personality [J]. Journal of Research in Personality, 2005 (39): 22 - 45.

[270] SHEDLER J, WESTEN D. Dimensions of personality pathology:

An alternative to the five - factor model [J] . American Journal of Psychiatry, 2004a (161) : 1743 - 1754.

[271] SHEDLER J, WESTEN D. Refining DSM - IV personality disorder diagnosis: Integrating science and practice [J] . American Journal of Psychiatry, 2004b (161) : 1350 - 1365.

[272] SHEDLER J, WESTEN D. Refining the measurement of Axis II: A Q - sort procedure for assessing personality pathology [J] . Assessment, 1998 (5) : 333 - 353.

[273] SHIELDS C, MURRELL S A, SALSMAN N. Changes in the interpersonal characteristics of a client who "recovered" from anxiety and depression following interactionist interpersonal therapy [J] . Clinical Case Studies, 2006, 5 (2) : 142 - 160.

[274] SLADE A. Attachment theory and research: Implications for the theory and practice of individual psychotherapy with adults [M] //J CASSIDY & P R SHAVER (Eds.) , Handbook of attachment: Theory, research, and clinical applications (pp. 575 - 594) . The Guilford Press, 1999.

[275] SMITH C A, LAZARUS R S, NOVACEK J. Appraisal components, relational themes, and emotion [M] . Manuscript submitted for publication, 1990.

[276] SMITH M L, GLASS G V. Meta - analysis of psychotherapy outcome studies [J] . American Psychologist, 1977 (32) : 752 - 760.

[277] SNIDER J G, OSGOOD C E. Semantic differential technique: A sourcebook [M] . Chicago: Aldine, 1969.

[278] SNYDER C R (Ed.). Handbook of hope: Theory, measures, and applications [M]. San Diego, CA: Academic Press, 2000.

[279] SNYDER C R, LOPEZ S J. Positive psychology: The scientific and practical explorations of human strengths [M]. Thousand Oaks, CA, US: Sage Publication, 2007.

[280] SNYDER C, MICHAEL S, CHEAVENS J. Hope as a psychotherapeutic foundation of common factors, placebos, and expectancies [M] // M A HUBBLE, B L DUNCAN, S D MILLER (Eds.), The heart and soul of change: What works in therapy (pp. 179 - 200). Washington, DC: American Psychological Association, 1999.

[281] SPITZ R A. Psychogenic disease in infancy. Short Film [M]. Produced by the Psychoanalytic, 1952.

[282] STEELE H, STEELE M (Eds.). Clinical applications of the adult attachment interview [M]. Guilford Press, 2008.

[283] STERN D N. The Interpersonal World of the Infant: A View from Psychoanalysis and Development [M]. New York: Basic Books, 1985.

[284] STEWART - WILLIAMS S. The placebo puzzle: Putting together the pieces [J]. Health psychology: Official Journal of the Division of Health Psychology, American Psychological Association, 2004, 23(2): 198 - 206.

[285] STRANDBERG - SAWYER K, DENHAM S A, DEMULDER E, BLAIR K A, AUERBACH - MAJOR S T, LEVITAS J. The contribution of older siblings' reactions to emotions to preschoolers' emotional and social

competence [J] . MARRIAGE & FAMILY REVIEW R, FABES, special issue editor, 2002 (34) : 183 - 212.

[286] STRAUSS J L, HAYES A M, NEWMAN C F, ET AL. Early alliance, alliance ruptures, and symptom change in a nonrandomized trial of cognitive therapy for avoidant and obsessive - compulsive personality disorders [J] . Journal of Consulting and Clinical Psychology, 2006, 74 (2) : 337 - 345.

[287] SUCHMAN N E, DECOSTE C, LEIGH D, BORELLI J. Reflective functioning in mothers with drug use disorders: Implications for dyadic interactions with infants and toddlers [J] . Attachment & Human Development, 2010, 12 (6) : 567 - 585.

[288] SULLIVAN H S. Clinical studies in psychiatry [M] . New York: Norton, 1956.

[289] SULLIVAN H S. Schizophrenia as a human process [M] . W W Norton & Co, 1962.

[290] SULLIVAN H S. The fusion of psychiatry and social science [M] . New York: Norton, 1964.

[291] Sullivan H S. The interpersonal theory of psychiatry [M] . New York: Norton, 1953.

[292] SULLIVAN H S. The psychiatric interview [M] . NewYork: Norton, 1954.

[293] SUN Q W, WANG C D, JIANG G R. Culture - based emotional working models of attachment, Western - based attachment, and psychosocial functioning of Chinese young adults [J] . International

Perspectives in Psychology, 2017, 6 (4): 195 - 208.

[294] TAUBNER S, HÖRZ S, FISCHER - KERN M, DOERING S, BUCHHEIM A, ZIMMERMANN J. Internal structure of the reflective functioning scale [J]. Psychological Assessment, 2013, 25 (1): 127 - 135.

[295] TAUBNER S, KESSLER H, BUCHHEIM A, KÄCHELE H, STAUN L. The role of mentalization in the psychoanalytic treatment of chronic depression [J]. Psychiatry: Interpersonal & Biological Processes, 2011, 74 (1): 49 - 57.

[296] TAYLOR E L, TARGET M, CHARMAN T. Attachment in adults with high - functioning autism [J]. Attachment & Human Development, 2008, 10 (2): 143 - 163.

[297] TERENO S, SOARES I, MARTINS C, CELANI M, SAMPAIO D. Attachment styles, memories of parental rearing and therapeutic bond: A study with eating disordered patients, their parents and therapists [J]. Eur Eat Disord Rev, 2008, 16 (1): 49 - 58.

[298] TINSELY H E A. Client's expectation about counseling [M]. Unpublished research manual, 1982.

[299] TINSLEY H E, WESTCOT A M. Analysis of the cognitions stimulated by the items on the Expectations About Counseling - Brief Form: An analysis of construct validity [J]. Journal of Counseling Psychology, 1990, 37 (2): 223 - 226.

[300] TITCHENER E B. On ethnological tests of sensation and perception with special reference to tests of color vision and tactile discrimination

described in the reports of the Cambridge anthropological expedition to Torres Straits [J]. Proceedings of the American Philosophical Society, 1916, 55 (3): 204 - 236.

[301] VAN HARREVELD F, RUTJENS B T, ROTTEVEEL M, NORDGREN L F, VAN DER PLIGT J. Ambivalence and decisional conflict as a cause of psychological discomfort: Feeling tense before jumping off the fence [J]. Journal of Experimental Social Psychology, 2009, 45 (1): 167 - 173.

[302] VAN HARREVELD F, VAN DER PLIGT J, DE LIVER Y N. The agony of ambivalence and ways to resolve it: Introducing the MAID model [J]. Personality and Social Psychology Review, 2009, 13 (1): 45 - 61.

[303] VAN IJZENDOORN M H. Adult attachment representations, parental responsiveness, and infant attachment: A meta - analysis on the predictive validity of the Adult Attachment Interview [J]. Psychological Bulletin, 1995, 117 (3): 387 - 403.

[304] WAGER T D, NITSCHKE J B. Placebo effects in the brain: Linking mental and physiological processes [J]. Brain, Behavior, and Immunity, 2005, 19 (4): 281 - 2.

[305] WAMPOLD B E. The great psychotherapy debate: Models, methods, and findings [M]. Lawrence Erlbaum Associates Publishers, 2001.

[306] WARD A, RAMSAY R, TURNBULL S, STEELE M, STEELE H, TREASURE J. Attachment in anorexia nervosa: A transgenerational perspective [J]. British Journal of Medical Psychology, 2001, 74 (4):

497 - 505.

[307] WATERS E, MERRICK S, TREBOUX D, CROWELL J, AND ALBERSHEIM E. Attachment security in infancy and early adulthood: A 20 - year longitudinal study [J] . Child Development, 2000 (71) : 684 - 689.

[308] WEINBERGER J, EIG A, KIRSCH I. Expectancies: The ignored common factor in psychotherapy [M] //How expectancies shape experience. (pp. 357 - 382) . Washington, DC US: American Psychological Association, 1999.

[309] WEISS J. How psychotherapy works: Process and technique [M] . Guilford Press, 1993.

[310] WESTEN D, SHEDLER J. Revising and assessing Axis II, Part I: Developing a clinically and empirically valid assessment method [J] . American Journal of Psychiatry, 1999a (156) : 258 - 272.

[311] WESTEN D, SHEDLER J. Revising and assessing Axis II, Part II: Toward an empirically based and clinically useful classification of personality disorders[J]. American Journal of Psychiatry, 1999b(156): 273 - 285.

[312] WESTERN D, NOVANTY C M. The empirical status of empirically supported psychotherapies: Assumptions, findings, and reporting in controlled clinical trials. Psychological Bulletin, 2004, 130 (4) : 631 - 663.

[313] WIGGINS J S, PHILLIPS N, TRAPNELL P. Circular reasoning about interpersonal behavior: Evidence concerning some untested assumptions

underlying diagnostic classification [J] . Journal of Personality and Social Psychology, 1989 (56) : 296 - 305.

[314] WIGGINS J S, TRAPNELL P D. A dyadic interactional perspective on the five - factor model [M] //J S WIGGINS (Ed.) , The five - factor model of personality: Theoretical perspective (pp. 88 - 162) . New York: Guilford Press, 1996.

[315] WIGGINS J S, TROBST K K. The fields of interpersonal behavior [M] //L A PERVIN and O P JOHN (Eds.) , Handbook of personality theory and research (2nd ed. , pp. 653 - 670) . New York: Guilford, 1999.

[316] WIGGINS J S. A psychological taxonomy of trait - descriptive terms: The interpersonal domain [J] . Journal of Personality and Social Psychology, 1979 (37) : 395 - 412.

[317] WIGGINS J S. Circumplex models of interpersonal behavior in clinical psychology [M] //P C KENDALL & J N BUTCHER (Eds.) , Handbook of research methods in clinical psychology (pp. 183 - 221) . New York: Wiley, 1982.

[318] WIGGINS J S. Circumplex models of interpersonal behavior [M] //L WHEELER (Ed.) , Review of personality and social psychology (Vol. 1, pp. 265 - 293) . Beverly Hills, CA: Sage, 1980.

[319] WIGGINS J S. Interpersonal adjective scales: Professional manual [M] . Odessa, FL: Psychological Assessment Resources, 1995.

[320] WILLIAMS L E, BARGH J A. Experiencing physical warmth promotes interpersonal warmth [J]. Science, 2008, 322 (5901): 606-607.

[321] WOLPE J. Psychotherapy by reciprocal inhibition [M]. Stanford, CA: Stanford University Press, 1958.

[322] YALOM I, LESZCZ M. Theory and practice of group psychotherapy [M]. Basic Books, 2005.

[323] ZAJONC R B. Feeling and thinking. Preferences need no inferencesv [J]. American Psychologist, 1980 (35): 151-175.

[324] ZAJONC R B. On the primacy of affect [J]. American Psychologist, 1984 (39): 117-123.

[325] ZAYAS V, MISCHEL W, SHODA Y, ABER J L. Roots of Adult Attachment: Maternal Caregiving at 18 Months Predicts Adult Peer and Partner Attachment [J]. Social Psychological and Personality Science, 2011, 2 (3): 289-297.

[326] ZETZEL E R. Current concepts of transference [J]. International Journal of Psychoanalysis, 1956 (37): 369-376.

[327] CLAIR. 客体关系与自体心理学. 贾晓明，苏晓波，译 [M]. 北京：轻工业出版社，2000.

[328] 丁福保. 佛学大辞典 [M]. 上海书店，1984.

[329] 弗洛伊德. 精神分析引论（高继海译）[M]. 乌鲁木齐：新疆科学技术出版社，1913/2003.

[330] 弗洛伊德. 少女杜拉的故事 [M]. 北京联合出版公司，2019.

[331] 胡姝婧，江光荣．心理咨询过程 - 效果研究现状及展望［J］．心理科学进展，2008，16（4）：567 - 575．
[332] 胡姝婧．心理咨询会谈中的当事人行为与咨询效果的关系［未出版］［D］．华中师范大学，2008．
[333] 江光荣，夏勉．心理求助行为：研究现状及阶段 - 决策模型［J］．心理科学进展，2006，14（6）：888 - 894．
[334] 江光荣．心理治疗关系之作用机制研究述评［J］．心理科学进展，2003，11（4）：555 - 561．
[335] 江光荣．心理咨询的理论与实务［M］．北京：高等教育出版社，2005．
[336] 刘贤臣，刘连启，杨杰，等．青少年生活事件量表的编制与信度效度测试［J］．山东精神医学，1997（1）：15 - 19．
[337] 秦佑凤，胡姝婧．心理咨询效果问卷（OQ - 45）在中国部分人群的试用报告［J］．中国临床心理学杂志，2008（2）：138 - 140．
[338] 桑德勒，戴尔，霍尔德，等．病人与精神分析师［M］．上海科学技术出版社，2004．
[339] 苏完女．工作同盟在咨商中的意涵［J］．咨商与辅导，2000（80）：11 - 16．
[340] 孙启武，江光荣，冯玉．工作同盟：历史、概念及实证研究［J］．中国临床心理学杂志，2009，17（3）：383 - 386．
[341] 孙启武，江光荣，张庆吉．IIP - 32 在 1498 名大学生中的试用报告［J］．中国临床心理学杂志，2010，18（4）：466 - 468．
[342] 孙启武，江光荣．心理咨询中的期望：概念辨析及理论视角［J］．心理科学进展，2008，16（6）：913 - 918．

[343] 王倩，杨蕴萍．创伤后应激障碍症状与心智化能力缺损的相关性分析 [会议] [M]．首都医科大学附属北京安定医院，广州，中国，2011.

[344] 于丽霞．心理咨询会谈间体验，工作同盟对咨询效果的影响 [未出版] [D]．华中师范大学，2009.

[345] 朱旭，江光荣．当事人眼里的工作同盟：质的分析 [J]．心理学报，2011，43（04）：420－431.